探寻海洋的秘密丛书

海洋灾难

谢宇　主编

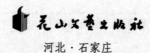

花山文艺出版社

河北·石家庄

图书在版编目（CIP）数据

海洋灾难 / 谢宇主编. -- 石家庄 ：花山文艺出版社，2013.4（2022.3重印）

（探寻海洋的秘密丛书）

ISBN 978-7-5511-1149-2

Ⅰ. ①海… Ⅱ. ①谢… Ⅲ. ①海洋－自然灾害－青年读物②海洋－自然灾害－少年读物 Ⅳ. ①P73-49

中国版本图书馆CIP数据核字(2013)第128587号

丛 书 名：探寻海洋的秘密丛书

书　　名：海洋灾难

主　　编：谢　宇

责任编辑：梁东方

封面设计：慧敏书装

美术编辑：胡彤亮

出版发行：花山文艺出版社（邮政编码：050061）

（河北省石家庄市友谊北大街 330号）

销售热线：0311-88643221

传　　真：0311-88643234

印　　刷：北京一鑫印务有限责任公司

经　　销：新华书店

开　　本：880×1230　1/16

印　　张：10

字　　数：160千字

版　　次：2013年7月第1版

2022年3月第2次印刷

书　　号：ISBN 978-7-5511-1149-2

定　　价：38.00元

目 录

愚人节的海啸

喜欢在愚人节互相随便开玩笑的夏威夷人没有想到，1946年的4月1日，海啸跟他们开了个过火的玩笑，并且让他们中的一部分再也体会不到开玩笑的乐趣。

凌晨1时30分，人们尚在睡梦中等待愚人节的到来。此时，在乌尼克岛东南145千米处的北太平洋海底3.6千米深处，由于阿留申海沟北坡的海底滑坡，引起了一场特大海底地震。海底的地壳猛烈地抖动、碰撞、碎裂，同时发出了阵阵强烈的地震波。地震波首先冲向阿留申群岛，在它的撼动下乌尼马克岛不由自主地摇晃起来。21分钟后，第二次更加强烈的地震波冲来，该岛随之剧烈地抖动着。又过了12分钟，第三次更强大的地震波几乎要掀翻整个岛屿，它将全岛的建筑物夷为平地。

地震仍在继续进行，地下的板块凶猛地撞击，最终在阿留申海沟中造成一条巨大的地裂。这块海底地层塌陷下去，并吸引周围的海水急剧涌入。海水被来自地心的一股强大的吸力导引着迅速流动，从而产生了海啸。巨大的海浪即以地震点为中心，从海底向外冲击而去，辐射在太平洋上。离震中最近的乌尼马克岛便首当其冲，成为海啸的第一个攻击目标和最初的牺牲品。

海浪很快便接近该岛，巨浪如脱缰的野马隐身在深海区狂奔，因大洋水域宽阔，其浪头之间距离可长达100多千米，不易被过往船只察觉，而一旦进入浅海，便显露出狰狞面目。海浪之间的距离迅速缩短，速度增快，并使水位急剧上涨。此时，浪头已高达35米，如同海上突然冒出成排的高大建筑，巨浪运行时速为116千米，所到之处，无坚不摧，而震耳欲聋的呼啸声，又像是数不清的怪兽在同时吼叫。它就这样气势汹汹地直冲上岛。巨大的水流首先冲向了突兀而立的灯塔，一下子就把它砸得粉碎，把玻璃、瓦片、砖头、木柱裹挟到四处。灯塔几乎是被连根拔起，碎片散落到很远的地方。紧接着，海浪扑向离海岸不远的悬崖边的海岸警卫队驻地，很快便将其摧毁，使经过地震劫难的营房彻底变成混乱不堪的废墟。除了跑到悬崖顶上的几位幸运者，海浪几乎卷走了岛上的所有人员，大多尸骨无寻。

在乌尼克岛遭受残酷打击的同时，地震海啸向南推进，直逼夏威夷群岛。海啸的速度竟高达每小时788千米，仅仅用了4个半小时，即已横跨3700千米，抵达瓦胡岛。在到达岸边浅水域时，海浪骤然竖起高达二三十米，以排山倒海之势向岸上冲去。海啸扑向夏威夷群岛的时间是上午6～7时，人们刚刚还开过几个玩笑，当然，连热情奔放的夏威夷人也没有到想起拿海啸来愚弄别人的程度，没想到它却不请自来，把这一天变成了真正的"愚人节"。

夏威夷群岛很快便被淹没在一片汪洋中。海浪冲上岛屿之前，遇到了防波堤的抵抗。平时在海水冲刷下尚显坚固的防波堤，这时却显得弱不禁风，不堪一击。海浪像是千万支连在一起的高压水枪，直射向防波堤，把它分割成块状。几个回合后大堤便崩塌、陷裂，淹没在海潮下。紧接着，

海浪铺天盖地冲上岛屿，在后浪的推动下急速在岛上推进。岸边的环岛公路迅速解体。瓦胡岛北部和希洛岛上的铁路被冲垮，路基化为泡影，钢轨下陷甚至断裂，七零八落。所有高大建筑和不够坚实的房屋，在海浪冲击下几乎都危如累卵，砖瓦和碎石在波浪中乱飞。海浪携带着杂物冲进农田，把农作物连根拔起后又卷走，或是掀起堆积物将土地连同农作物一起淤埋。

最凶猛的海啸发生在夏威夷岛上。巨浪冲上岛后仍高达15米，借助惯性和后浪的推力在海岛上作地毯式推进，使希洛周围地区遭受到惨重损失。当时，许多人在看到海啸后没有意识到应该怎样逃避，他们不是迅速往高处跑，而是在海啸面前目瞪口呆；有些人在海啸的间歇中去岸边捡鱼；有些人试图多抢救一些家产，却不幸葬身大海。仅在希洛市，即有数十人被淹死或被飞起的砖石瓦块砸死。倒塌房屋被冲垮，许多人因此无家可归。

这次海啸共使159人丧生，1400多家房屋被毁，农作物损失巨大，交通陷于瘫痪，物质损失总计达2600万美元，是1819年以来海啸对夏威夷群岛造成损失最大的一次。以后每年的愚人节，人们都会想起它，并怀念那些死难者，而这个轻松的节日从此也变得沉重起来。

一代巨舰俾斯麦号的沉没

　　1941年5月27日，北大西洋海面上炮声隆隆，硝烟弥漫。一艘漆有白色符号的巨舰像一头斗红了眼的巨兽，怒吼着将一串串炮弹射向包围它的猎手们——英国皇家海军的数艘战舰。猎手们在缩小合围的同时，用绝对优势的火力将它打得遍体鳞伤。曾经不可一世的战舰在绝望的挣扎中，终于倾斜舰体，缓缓地沉入大洋。在英国水兵的欢呼声中，面带微笑的英

舰队指挥官按捺住兴奋的心情，开始起草电文：……1941年5月27日上午10时40分，"多塞特郡号"击沉德国战列舰"俾斯麦号"……

一代巨舰"俾斯麦号"沉没了，这恰似一盆冷水兜头浇在纳粹德国头子们的头上。他们万万没有想到，号称全欧洲最强大的战舰居然被英国人打沉了！尽管它装备了4座380毫米口径的重炮，尽管它漆上了那两个巨大的，在帝国军人心目中是如此神圣的徽章……

"俾斯麦号"战列舰，1936年始建于汉堡港。1939年情人节下水试航，1940年8月24日全舰武器人员配置齐全。经过9个月的海上训练，1941年5月19日由巡洋舰"普林斯·奥根号"引航，驶向北大西洋。

不幸的是，这艘巨舰在其处女航中就被击沉了。

1941年5月19日，"俾斯麦号"在狂热的第三帝国军号声中起锚，离开波兰格丁尼亚港，由巡洋舰"普林斯·奥根号"引航，向北大西洋行进，妄图用它那4座巨炮打断英国"海上生命线"——商船队。英国海军获悉后，立即紧急部署，组成了以航空母舰"皇家方舟号"和"胜利号"为首的包括十几艘大小战舰在内的打击力量，决定给"俾斯麦号"以迎头痛击。果然，"俾斯麦号"刚驶过丹麦海峡，便与英舰队遭遇。由于使命在身，德舰不敢恋战，企图在浓雾的掩护下溜之大吉。不料，英舰队却在先进雷达技术的帮助下紧追不舍。同时，部署在冰岛南部沿海的英战列舰"威尔士亲王号"和"胡德号"巡洋舰也向西疾驰，进行堵截。英"胜利号"航空母舰接到命令后，率"乔治五世号"战列舰加入角逐。5月24日晨5时35分"威尔士亲王号"发现德舰，立即向它开火。"俾斯麦号"用大口径舰炮进行还击，并直接命中英"胡德号"弹药舱。英船顿时爆成一个大火球，并迅速沉没，舰上

1419名船员中仅3人逃生。而"俾斯麦号"则被"威尔士亲王号"击中舰首，丧失了近1000吨宝贵的燃料，船速也减少了二三节。但德舰依仗重炮和厚实的装甲杀出一条血路，逃之夭夭。随后继续它的使命，并准备驶回法国进行维修。但由于燃料的损失，"俾斯麦号"不得不冒着与英舰队再次遭遇的危险，选择了一条笔直的航线。5月26日，一架英国侦察机发现了它，为了防止其进入德国空军的保护范围，从英航母"皇家方舟号"起飞的鱼雷轰炸机不顾一切地对"俾斯麦号"进行拦截，其中3枚鱼雷击中德舰。这一打击虽然对"俾斯麦号"舰体损害甚微，但其中一枚却击毁了它的尾舵，使德舰在风浪中行驶更为艰难，面对英舰队的合围，束手无策。

5月26日夜，对"俾斯麦号"全体舰员来说是最恐怖的一夜。他们怎么也搞不清，四周哪来这么多英国人，从海里冒出来的吗？英舰队的狂轰滥炸使德舰的火控系统发生了故障。碰巧，天公不作美，强劲的西北风使德舰举步维艰。英国人真是占尽了天时地利。"罗德尼号"和"乔治五世

号"发射的355毫米和406毫米的炮弹命中德舰左舷。"诺福克号"和"多塞特郡号"又击中其右舷。这一夜火光冲天，炮声隆隆。当第二天来临时，惊恐万分的德国水兵发现他们曾引以自豪的战舰被打成了一堆烂铁，指挥官不得不下令弃船。这时，"多塞特郡号"又发射3枚鱼雷，终于，在这天上午10时40分，"俾斯麦号"开始缓缓下沉，消失在硝烟弥漫的海面上……

"俾斯麦号"沉没了，悲剧性的命运也随之结束了。50年过去了，罗伯特将"俾斯麦号"在水下的情景展示给了世人，但没有人为它抛洒花环和眼泪。它成为纳粹恐怖主义的陪葬品，静静地躺在那里。它带着那肮脏的徽章，带着第三帝国称霸世界的痴梦，永远被埋葬在大西洋中。

阿拉哈达号的沉没

2000年4月12日夜，一条菲律宾渡船在离开苏禄省省府霍洛后不久即沉没，船上有200人，但只有19人获救，救援人员打捞上了56具尸体。

鲁瑟·克莱斯和胡列宾·亚松是两个20多岁的小伙子。他们受公司委派，准备于12日晚乘船到马来西亚谈一桩生意。

由于菲律宾已经进入旅游旺季，从霍洛直航马来西亚的船票已卖完，只有一条绕道塔威省，然后前往马来西亚的萨巴港的渡船，名叫"阿拉哈达号"。这条客船是木质结构，船体很小，条件很差，最大载客量不到200人。但鲁瑟和胡列宾已顾不了许多，先上船再说。他俩打算抢时间办完公事，再玩个一两天呢。

码头休息室里，电视台正在播放晚间新闻，其中一条海难新闻引起了鲁瑟和胡列宾的注意。电视台援引澳大利亚移民部部长菲利普·鲁多克的话报道说，4月11日夜，一条从印度尼西亚驶往澳大利亚圣诞岛的非法移民船只在海上失踪，估计船上约220人全部遇难。船只失事的原因可能是天气不好。

鲁瑟便和胡列宾打趣说："伙计，你的水性怎么样？弄不好今天晚上我们的船也要出事。你如果水性不行的话，提前说一声，到时候我好救你。"胡列宾笑着说："还是我去救你吧。"

可谁也没想到，一个小时后，他们的船真的出事了，一句戏言竟然变成了现实！

他俩乘坐的船准点起航，两人一前一后钻出船舱，同许多乘客一样来到舱外呼吸新鲜空气。这时船越开越快，强劲的海风从船的右侧吹来，站在甲板右侧的人开始向左侧集中。

到甲板上来的乘客增加得很快，约有几十人。因为木船很小，仿佛有许多人全站在甲板上了。集中到船左侧的乘客越来越多，船体开始出现倾斜，但谁也没有在意，他们都以为，船在海上航行，又有海风吹着，船体有点倾斜应该是很正常的。所以，甲板左侧的乘客不但没有减少，反而越来越多。

这时，从舱里钻出一名安全管理人员，他冲着乘客高喊："你们不要命了！都挤到一起，想把船弄翻是怎么的？"但他的警告随着海风一起飘走了，乘客们该干什么还干什么，灾难正一步步逼来。

可怕的类似"泰坦尼克号"的灾难突然出现了。一名游客往海面上扫了一眼，吓得大喊："水！水！"他周围的人这才注意到，船体已经严重倾斜，海水似乎立刻就会冲上甲板。他们不约而同地想快速撤离。本来，如果乘客小心翼翼地一个接一个回到舱内，船体会慢慢恢复平衡，或许就不会发生后面的灾难了。但是，由于很多人没有安全乘船的知识，看到海水就要漫上甲板，一下子慌了手脚，他们争相逃命，结果，近百人一齐行动，船受到的震动太大，海水"哗"

地一声涌了上来。

舱内的乘客也已意识到发生了什么事，他们争着往舱外跑，但舱口太小，连两个并行的人都走不过去，结果把舱口堵得严严实实，真正逃出去的没几个人。

这条木船体积很小，近200人挤上来已经超过了它的最大负载量。船上的安全措施也漏洞百出。乘客们到处寻找救生设备而未寻到。倒是有几个安全管理人员早早地把救生圈套到自己的脖子上跳进了海里。

让人不可思议的是，发生如此重大的海难，第一个赶来救援的竟然不是霍洛港海难应急小队，而是附近的渔民。一位名叫齐亚的渔民在霍洛港向媒体透露了他前去救援的经过。12日晚上，他们在返航时，忽然发现海上漂着几具尸体，知道海上出事了。几艘渔船立即开始寻找出事地点，很快，菲律宾渔民齐亚的渔船便救上一名妇女，她在水里泡了多时，已经吓得说不出话来。

在渡船下沉位置附近，齐亚他们发现海面上的情景令人不寒而栗。一具具尸体随着海浪一起一伏，灯光打过去，像幽灵一般。他知道，在这种情况下，幸存者已经很少很少，但有一丝希望，他们就要全力去拯救。到最后，参加救助的渔民多达100人。随后，霍洛港海难应急小队的快艇才赶到了现场，他们与渔民们一起，又救起几人。

13日上午，菲律宾苏禄省省长阿布杜·萨库尔正式向外界通报了这条渡船遇难的消息。通报说，这条渡船为"阿拉哈达号"，船沉没时刚刚离开霍洛港不久。它原定经过塔威塔威一个港口，再前往马来西亚的萨巴。当地渔民和海难救助部门进行了全力抢救，但至13日上午只救出19人，找到56具尸体，估计其他人幸存的机会很小很小。

阿克伦号飞艇失事

1933年4月14日，新泽西州的机场停机坪上停着一个庞然大物，这就是海军引以为荣的空中皇后——巨型飞艇"阿克伦号"，它正准备进行一次长途飞行。

"阿克伦号"是当时世界上最大的飞艇，它长785英尺，直径132英尺，艇身有8个舱，前面有控制室，后面还有特殊的围场，可以让5架飞机起飞和降落，它简直是一艘空中的航空母舰。每个站在它脚下的人都会惊叹它的雄伟，感到自己的渺小。

"阿克伦号"自从被造出来，它就一直被灾祸纠缠着。1932年5月8日，它的第一次跨洲飞行以两名地勤人员身亡而告终。1933年2月，在赫斯特湖，飞艇又遇上了强风。当时它已经停泊，拴在系留塔上，但风撕破了气囊。在飞往加利福尼亚的旅行中，两根竖大梁折断了。在返回的途中，大梁又与里臂撑在了一起。

"阿克伦号"尽管外表壮观，却一点儿也不安全，铁缆、构架、大梁经常变形，制造时的偷工减料，注定它要毁坏。

76名乘务员身着蓝色茄克走向那个银灰色的庞然大物，"准备起飞！"总指挥满怀信心地微笑着，"准备起飞！通知各舱，准备起飞！"艇长对话筒喊道，"伙计们，祝我们好运！"粗大的缆绳被割断了，飞艇升上了天空。

飞艇在狂风中摇摇摆摆地前进，像一个步履蹒跚的老太婆。忽然，观察员惊叫起来："天啊，快看那是什么？"人们向前方望去，一幅可怕的景像出现在眼前：前方是一片乌云，它们铺天盖地地卷过来，像神话中邪恶的巨人。更可怕的是，乌云中穿梭着一条条闪电，它们像一群火龙，神

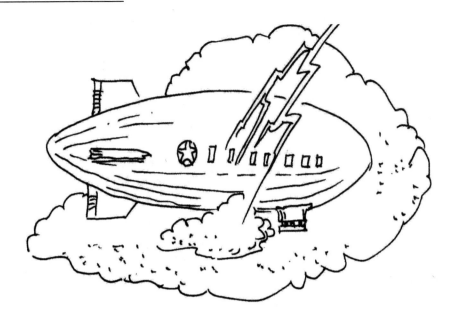

出鬼没，张牙舞爪。越靠近，闪电出现得越频繁，它们在乌云身上撕开一条条鲜红的裂口，随即从黑云深处传来一阵阵震耳欲聋的咆哮，乌云翻滚得越来越厉害了。

人们被眼前的景象惊呆了，很久才有人喃喃地说："愿上帝保佑我们。"艇长脸上渗出了冷汗，他大声指挥："各就各位！我们必须躲过这道闪电墙！""舵手注意！舵手注意，调整航道，右偏15度！"这时，正好响起一阵雷声，舵手大声重复着艇长的指示："是！调整航道，右偏50度！"飞艇向前飞去，然而这个角度恰恰使它进入了暴风区。"阿克伦号"立刻被乌云吞没了，四周漆黑

一片，狂风使飞艇的铁缆、大梁咯吱作响，似乎随时都有断裂的危险。飞艇边不时有闪电擦肩而过，耀眼的强光一下把飞艇照得通亮，人们惊恐的脸被照得惨白，这种景象让人想起地狱，人们在胸前画着十字，企盼能逃过这场劫难。

飞艇忽然停止了晃动，难道我们走出了风暴区？大家向外望去，四面仍是一片漆黑，一条闪电像毒蛇一样在黑云上蜿蜒。飞艇旋转了起来。"为什么改变航向？"麦克科德向舵手吼叫。"艇长先生，我并没有改变航向，飞艇失控了！"舵手用力扳着舵盘，睁大了惊恐的双眼。"上帝啊，一定是旋风！"少校赫伯特

韦·威利绝望地叫道。飞艇猛地颠簸了一下，开始下坠，强烈的旋风使它脆弱得像漩涡中的一片树叶，只是打着转下沉。高度表上的数字飞快地变化着：1600英尺……1400英尺……1000英尺……"我们必须升上去！下面是大西洋，掉下去我们就全完了！"威利少校大喊着，"快把压舱的水放掉！"这时飞艇已经降到了700英尺。乘务员们已经看到了下面的大西洋，它正怒吼着，翻滚着，掀起一座座巨大的浪墙。

水箱的闸门打开了，压舱用的水冲出闸门，坠向大海，顷刻间就汇入汹涌的浪涛。飞艇陡然间减轻了重量，像一只断了线的风筝，急速向上升去。突然的方向变化使飞艇的胶缆被拉断了，控制室里一片混乱。胶缆的断裂使飞艇剧烈颠簸，控制器全部损坏，飞艇完全失去了控制，像一块石头一样向大海坠去。

威利少校恐惧地注视着扑面而来的大西洋，海面上笼罩着黑色的浓雾，狂风夹着海水咆哮着。他绝望地对联络系统装置喊："做好准备，等待坠毁……"

惊恐的人们还来不及作更多的思考，飞艇已经"啪"的一声栽进了波涛翻滚的海洋。几小时后，海军官员得到海岸观察员发出的关于这一灾难的消息。他们决定派出小型飞艇J—13号去营救幸存者。J—13号的指挥员强烈反对："这是自取灭亡！我们一样会送命的！"但他们还是出发了。正如指挥员料到的，J—13号碰上了时速45英里的疾风，这艘小艇也坠入了大洋，7名机组人员身亡。

风平浪静之后，海军派出飞机和船只打捞水中的残骸和尸体。风暴之后的大西洋分外安详，阳光温柔地洒在水面上，波光鳞鳞，一碧万顷。似乎它一向这么宁静，从没发生过什么。

此时，海军调查委员会正在召开紧急会议，调查飞艇失事的原因。飞行300万英里无事故的"格拉夫·齐柏林号"飞艇的制造者胡葛·埃克纳博士沉痛地说："我看过了飞艇的倒水装置。我认为这艘飞艇从没进行过妥善的检修。其实它的屡次事故早已经表明了这一点。"没有人说话，大家都沉默着。埃克纳博士扫视了一下四周，说："原因很明显，是我们的失职和盲目的自信葬送了他们……"

斯罗科姆号游船悲剧

谢克算是个历经磨难的船长，他的船在历史上也曾多次遭到劫难。1894年7月29日，"斯罗科姆号"意外地搁浅。在被搁浅的一段时间里，船长和船员都无法避免船上的混乱，使得许多旅客在混乱中受伤。倒霉的是，5年后的8月17日，船上再次发生混乱，结果又有许多人受伤并被送往医院医治。然而，谢克船长并未引起重视，他认为一切只是意外，意外总是很偶然的。可谁又能想到，1914年6月15日，一场更大的灾难发生了。

那天，风和日丽，一群美国籍的德国人又登上了这条游船。船上1500名乘客仅有83名男人，其余都是妇女和儿童。他们正准备乘这艘游船去布朗克野餐。

上午9点，谢克船长下令开船。船上一派热气腾腾的场面。厨房里飘来浓郁的杂烩香味，几百名儿童在甲板上嬉闹。"斯罗科姆号"刚刚用白油漆刷过，显得辉煌华丽，船上的彩旗哗哗地迎风飘扬，着实蔚为壮观。可这艘船只是徒有其表，实际上是很不坚固的，而且船上管理不善，根本没有什么救生设备，救生皮管已成年累月地堆积在货仓里，消防龙头也多年没用过。最可怕的是，这么多旅客却只有两名警官维持秩序。

"斯罗科姆号"沿东河逆流而上航行了近1个小时之后，来到了一段吉凶难测的河段，这里被人们称为"鬼门关"。

到了上午10点钟，船上欢闹的声音突然停止了。一位妇女从船前部的小舱里窜出来，她高声喊道："起火了，起火了！"她惊慌失措地对那些看来懒洋洋的船员说，"里面都是汽油！"同时，另一位年轻的小姐从厨房跑出来，她面色苍白，随便拉着一位游客说："不好了，锅炉要爆炸了！"话音刚落，顷刻间便听见一声巨响。船上开始出现骚动，尖叫声、哭喊声此起彼伏。

母亲把孩子带到"斯罗科姆号"的船尾避火。没想到，大火很快向船尾蔓延，把挤成一团的妇女儿童团团围住。这些人尖叫着拼命抢夺救生设备，可一切只是徒劳。这些设备早已腐朽不堪，在游客的抢夺中变成了碎片。

这时候，船长谢克犯了一个致命的错误。大火着起来后，他立即命令把船开往北兄弟岛。当时，一位年轻的舵手提议开往只有300米之遥的曼哈顿岛，以便有时间让游客们下船。专断的船长并没有把火势估计得那么严重，他似乎想乘着风势早些到达目的地。可这个愚蠢的船长却没有想到，船迎着风使火势越来越旺。他选择了一条死亡道路。

其实，刚开始的时候，火势的确不大，一些船员也估计能把火扑灭。但那封藏多年的救火皮管根本无法使用。一些皮管的塑料圆盘卡在一根皮管的喷嘴处，船员们还得花上好几分钟把塑料圆盘取出。这还没什么，最可恶的是，当水龙头最后被打开后，喷嘴里流出的只是一条细流。这是由于救火皮管长时间没有检修过，皮带上已经出现多处腐烂，嘶嘶冒水，压力因此减小，水龙头喷出的水也就很

少了。

河里的驳船和捕捞船发出嘟嘟的警报，呼唤附近的消防艇前来救援。"斯罗科姆号"仍然驶向北兄弟岛海滩，赶来的消防艇还得花十几分钟去追赶这艘船，这又耽误了一些宝贵的时间，谢克让这艘船在最不容易到达的地方搁浅，真是令人莫名其妙。

当"斯罗科姆号"最终到达北兄弟海岸时，火焰继续从货舱、厨房以及船舱前面喷出。火焰形成一堵不可穿越的火墙，在这堵火墙的拦击下，船上没有一个旅客安全逃出。船上的游客大部分在大火中烧死，一部分从高出水面30英尺的船尾跳出或掉入水中，这些人也不会游泳，最终葬身海底。最惨的是，上层甲板着火倒塌时，困在甲板上的旅客全部被抛到海里。而这灾难的肇事者谢克和他的两名助手爱得华·韦福尔和爱德华·瓦特正在船前部，他们迅速跳上系留在身边的一条救生艇扬长而去。这个急于逃命的船长，除了有点烧伤之外，甚至连制服都是干净的。有这样的船长，也就难怪那些只顾自己的船员了，他们谁也不去设法营救旅客，纷纷跳进水中逃命。

倒是拖船上的船员们把生死置之度外，纷纷上船救人。有两艘拖船——"马萨殊特号"和"爱迪逊号"警笛鸣个不停，开向"斯罗科姆号"营救受困的旅客，整个河道里充满着刺耳的警笛声。"马萨殊特号"的大副拉帕波特英勇地跳进水中，奋力游向这艘已在垂死挣扎的大船。他一次次地上船，从母亲手中接过她们的孩子，然后游回自己的船边，把孩子放在安全的地方。这样的英雄很多，其他拖船上的船员们也都是这样投入救人工作。除了拖船上的船员，船上的一些乘客也互相帮助，一位名叫玛丽的女乘客相继救了十几个人。

等到消防船到达时，船上能烧的几乎都已烧尽了。它所能做的仅仅是把漂浮在水中的尸体打捞上来。在船的周围，漂浮着很多尸体，密密地挤在一块儿，像是在水面铺了一层厚厚的毯子。

这场大火烧了不到两个小时，却有1021个人被烧死或淹死，生还者仅407人。这次海难是美国历史上自1880年6月28日以来最严重的一次。

神秘沉没的阿夫雷潜艇

20世纪50年代初，"阿夫雷号"是当时世界上吨位最大的一艘潜艇，也是世界上装备最精良的潜艇之一。作为潜艇部队的代表，"阿夫雷号"一直是英国海军的骄傲。然而，天有不测风云，1951年4月16日，"阿夫雷号"在英吉利海峡训练时突然失踪，失踪原因至今仍是一个谜。

当时，"阿夫雷号"正在朴次茅斯到伐尔茅斯之间的海域进行巡海训练，艇上共有75名官兵，其中有24人不属于这条潜艇，他们到这里参加首次训练，有些人是第一次出海。"阿夫雷号"在下午4时出发，晚上9时，基地接到它发出的信号："本艇即将沉没！"

随后，不管基地如何呼叫，"阿夫雷号"再也没有了音讯。它就这样在海底神秘地失踪了，没有人知道它到底发生了什么事。

英国海军在接到"阿夫雷号"的信号后，立即下令实施一个名为"海底碰撞"的营救计划。

然而，让人感到棘手的是，"阿夫雷号"的失事原因究竟是什么，这

实在让人捉摸不透。根据英国海军的分析，可能是海上风暴导致了"阿夫雷号"的失踪。但也有人认为，"阿夫雷号"舰长海军上尉布莱克经验丰富，他应该完全能够应付这种情况。尽管未能确定失事原因，在几个小时之内，来自比利时、美国和法国等国的40余艘舰艇还是马上展开了紧张的搜索行动。

第一次搜索毫无结果，"阿夫雷号"就像从空气中消失了一样。英国海军不死心，马上进行了第二次搜索。在这次行动中，英国海军动用了一切可能的先进设备，在"阿夫雷号"失踪的海域展开更加全面、细致的搜索。扫雷艇、驱逐舰和护卫舰等舰只用潜艇探测器对英吉利海峡的海底进行探测，战斗机、直升机等各型飞机对海面进行扫描。在付出巨大的努力后，搜索结果却令人失望。

行动结束后，英国海军发布了一个简短的声明：鉴于搜索工作再也不能营救遇难者，因此海军部决定停止对"阿夫雷号"潜艇的搜索，同时表示极大的遗憾！

救援工作就这样草草结束了，"阿夫雷号"失踪之迷被暂时搁置起来。但是，专家们却并没有放弃对"阿夫雷号"失踪的研究。不久以后，特丁顿研究室的专家们研制出一种水下电视装置，他们利用它在水下对"阿夫雷号"再一次进行搜索。1951年6月14日，它在赫德深海一角发现了看上去极像"阿夫雷号"的潜艇残骸。通过对多角度拍摄的图像的研究和多次分析，专家们终于确定，那就是"阿夫雷号"的残骸。

虽然找到了"阿夫雷号"的残骸，但对于"阿夫雷号"的失事原因，人们仍然众说纷纭。从屏幕显示的图像上看，舰艇上的桅杆已经折断，有人据此认为它遇上了风暴。然而检查结果表明，那是由于船桅的焊接不过关造成的。当局的说法也与此不同，他们怀疑"阿夫雷号"是因爆炸而沉没的，尽管这种说法根据并不充足。

命运多舛的苏尔右夫号

"苏尔右夫号"是一艘法国舰艇。在第二次世界大战中，它历尽艰辛，几经反复，命运十分曲折。

1939年9月3日，英法对德宣战，第二次世界大战全面爆发。次年5月10日，德国在占领了丹麦和挪威后，向法国发起了全面进攻。在一个月内，德国穿过阿登山脉，突破法国人认为"不可逾越"的马齐诺防线，一举击溃了法国北部的英法联军主力。从6月5日开始，德国以绝对优势兵力，向法国南部发动了强大攻势。几天内，德国装甲部队前锋已经逼近到了法国布勒特港。此时，"苏尔右夫号"正在这里检修，闻讯后，它立即启动了能工作的一台发动机，迅速出海逃亡。6月18日，它最终停泊在了英国德文利亚的德文波特港。

在此期间，法国军队已被强大的德军彻底击溃。6月17日，法国宣布停止战斗。此后，法国正式投降，与德国签订了屈辱的停战协定，并在维希组成由贝当主持的傀儡政府。与此同时，法国人民并没有屈服，他们用各种方式开展反对德国侵略者的抵抗运动。这样，法国逐渐分裂为两派，一派是倒向纳粹的维希政府，一派是原国防部副部长戴高乐将军在国外组织的"自由法国"。

此时，停泊在英国的"苏尔右夫号"处境十分尴尬。由于尚未公开反对投降德国的维希政府，它引起了英国领导人的不安。同时，为削弱德国的力量，美国制定了一个"弩炮"计划，打击那些没有公开反对维希政府的法国舰只，"苏尔右夫号"也在其内。在巨大的压力下，几经周折，"苏尔右夫号"被强行编入了英国皇家海军，舰上原有的150名官兵只有14人被留用，其余的一部分作为战俘被英国人关进利物浦战俘集中营，另一部分军官被送到了马恩岛。在留用的14人当中，一名法国军官路易·布莱松取得了英国方面的信任，被任命为新的舰长。在他的率领下，"苏尔

右夫号"与英国海军一起，与德国展开了英勇的战斗。

1941年，苏德战争、太平洋战争相继爆发，越来越多的国家被卷入到世界大战中。为了抵抗法西斯的侵略，英、美、苏、中等20多个国家组成了世界范围内的反法西斯同盟。为了支持被占领地区的流亡政府，英、美和"自由法国"建立了密切的联系。为盟国多次荣立战功的"苏尔右夫号"名义上被还给了"自由法国"。12月24日，戴高乐将军经过周密部署，决定攻占当时由维希政府控制的圣皮埃尔岛和密克隆岛。对于这次行动，美国政府并不支持。于是维希政府与美国密谈，企图让这块法国领土在美国保护下保持中立。戴高乐将军闻讯后，立即向伦敦和华盛顿方面提出了抗议，并不顾他们的反对，命令自己的部队仍按原计划向目标发动进攻。由于兵力不足，"苏尔右夫号"奉命参战，它与3艘法国猎潜艇一起组成了攻击小分队。在它的协助下，"自由法国"的部队最终还是占领了这两个岛。

由于此次事件，"自由法国"与英美之间产生了矛盾。而参加此次

行动的"苏尔右夫号"因此受到了盟军的猜忌。虽然隶属于盟军，但盟军对其倍加歧视。他们常常接到一些含糊其辞的命令和莫名其妙的任务。为此，士兵们士气低落，无所适从，这更引发了上下级之间的严重对立。发展到后来，上级无法管理下级，士兵们也根本不听从军官的指挥，"苏尔右夫号"陷入一片混乱中。

随着时间的推移，太平洋战争愈演愈烈，为了加强盟军在太平洋上的力量，"苏尔右夫号"奉命驶往太平洋战区，加入到"自由法国"的作战序列中。"苏尔右夫号"在一片迷惘中上了路，不幸途中遭遇风暴，船上设备损失严重。盟军总部得知情况后，不得不命它返回利法克斯港。然而就在它返回途中，又接到盟军命令，命令它前往南太平洋的塔希提基地。类似的朝令夕改"苏尔右夫号"本已司空见惯，但它没有想到，这次命令竟决定了它的命运。

1942年2月19日，"苏尔右夫号"在前往塔希提基地的途中失踪，船上的127名法国官兵和3名英国联络员无一生还。除了海面上漂浮的一些油斑以外，"苏尔右夫号"没有留下任何东西。当时到底发生了什么事，后人无从知晓，只有从"苏尔右夫号"服务员发出的一封电报上，似乎能看出一点端倪。电报内容是："我被围困在报务室里，我有一支手枪，很惦念妻子、女儿。"这是此事唯一的线索。

本来，遭遇风暴后，按照英国人的建议，舰只应该返回英国报废。但"苏尔右夫号"名义上毕竟是一艘"自由法国"的海军军舰，考虑到与戴高乐将军的关系，盟军不得不命令它驶往塔希提基地。政治原因最终葬送了"苏尔右夫号"。

恺撒号大爆炸

"朱利叶斯·恺撒号"是意大利海军的一艘战列舰，它建造于1910年，从1913年11月23日开始在意大利海军服役。1913年至1917年之间，经过重新整理的"恺撒号"成为第二次世界大战中意大利海军的主力战舰，在战争中屡立战功。奇怪的是，这样一艘声名显赫的战舰没有在战争中阵亡，反而在战后的和平年代因不明原因而沉没。

事情要从第二次世界大战结束后说起，当时，意大利以战败国的

身份将"恺撒号"战列舰送给了前苏联，作为战争的赔偿。1949年2月，"恺撒号"在阿尔巴尼亚正式挂起了前苏联国旗，从此成为前苏联海军的一员。

1955年10月28日下午6时15分，满载着前苏联士兵的"恺撒号"在驶回前苏联的途中，在塞瓦斯托波尔北地湾抛锚停船。由于这些士兵们是第二次世界大战后第一次要回到祖国，所以异常兴奋。军官们体谅士兵的思乡之情，决定在第二天凌晨换防，好让这些士兵早日返回故乡。

次日凌晨，"恺撒号"按计划开始换防，舰上的50名军官和1600名士兵依次办理交接手续。不久之后，大约是凌晨1时，"恺撒号"舰首突然发生爆炸。一声巨响之后，舰体在不时的颠簸和抖动中开始向左倾斜，甲板上的灯光也因线路被炸毁而熄灭。此时，舰上已经是一片混乱。有的人被眼前的情景惊呆了，有的人在黑暗中四处乱跑，更多的人则不知发生了什么事。最不幸的是在甲板上和甲板周围的水手，他们中的不少人被突然的大爆炸炸伤，有些人甚至被当场炸死。

舰长米哈伊尔·尼基坦科亲自用无线电向舰队总部及海上救助、打捞机构汇报了"恺撒号"的爆炸情况，

并向他们请求紧急救援。对话完毕，值日官跑来报告：舱内已经进水1000多吨！

这时，水兵向舰长报告，扩音系统已经修复。尼基坦科稳定了一下自己的情绪，拿起话筒向全舰所有人员宣布命令："全舰现处于紧急状态！大家把受伤的水手转移到船尾！"

凌晨1时39分，第一艘救援的汽艇船赶到现场。在舰长尼基坦科的指挥下，它靠近"恺撒号"的尾部，将等在那里的100多名受伤的水手救走。此时，"恺撒号"的前底舱几乎已经完全被海水灌满。尼基坦科一面命令水手将舰上所有的储备物品抛入海中，用以减轻舰体的重量，延缓沉船的时间；一面派出一部分水手去排水、堵漏，尽量维持目前的局势。然而，由于舱内进水太多，舰首已严重下沉，排水工作进行得非常艰难。见此情景，舰长作出一个新计划，他命令舵手调整舰体的方向，与海岸线形成垂直角，这样"恺撒号"的舰尾也许可以搁浅在近海的浅滩上。但是，由于爆炸和进水，舰上的一切操作系统均已失灵，"恺撒号"实际上已无法控制。要想实

施这一方案，只有等待救援拖船的到来。

1时50分，多艘救援船只赶到了现场。一艘拖船靠近了"恺撒号"的左舷，另外几艘救援船停在"恺撒号"右舷被炸开的洞口附近，协助水兵们向外排水。这时，舰长尼基坦科命令拖船拖转"恺撒号"实施先前的方案。可是，刚刚登舰的"恺撒号"的舰队总指挥却制止了这一行动。他认为此时拖转"恺撒号"非常危险，只有全力排水才能使"恺撒号"脱离险境。在他的命令下，水兵们只得在"恺撒号"上继续进行先前的排水工作。客观地说，此时的"恺撒号"已经回天无力。

数小时以后，在多方的共同努力下，"恺撒号"的情况不但未能好转，反而不断恶化。3时55分，眼见"恺撒号"必沉无疑，舰队总指挥命令舰上的全体人员弃船。此时舰上还有1000多人，他们接到命令后，立即开始有秩序地撤离。谁也没有想到，灾难在此时突然降临——"恺撒号"突然加快了沉没的速度，迅速地向海水中翻沉。舰上人员要想全部安全地撤离，只剩下20分钟时间，这对于

1000多人来说根本不够用。在"恺撒号"舰体完全翻倒的那一刻，舰上仍有一半以上的人员没有来得及撤离。为了不落入海中，他们曾试图抓紧甲板，但在大海的威力面前，这终究无济于事，大部分人还是被巨大的引力吸入了海中。在这种情况下，只有很少人死里逃生，大多数人在落海的一瞬间就已被海水击死。

4时15分，"恺撒号"彻底沉入了海底，这场悲剧此时才告结束。在这次海难中，共有600多人死亡，数百人受伤。

事后，前苏联政府就此事展开了调查，他们怀疑"恺撒号"是被人炸沉的。在他们众多的怀疑对象中，最可疑的就是前意大利法西斯特别舰队的司令官粟尔盖塞王子。这个王子是一个狂热的君主主义者，在第二次世界大战期间，他曾经组织炸沉了英国皇家海军的"勇敢者号"、"伊丽莎白号"以及另外一艘英国巨型油轮。然而，查无实据，并没有直接的证据显示粟尔盖塞王子与"恺撒号"的沉没事故有关。

后来又有人发现，在"恺撒号"出事的前一天，美国的战列舰"新泽西号"和15艘驱逐舰进入了位于黑海沿岸的土耳其伊斯坦布尔港，与停泊在塞瓦斯托波尔港的"恺撒号"隔海相望。两天后的10月29日，美国的航空母舰和驱逐舰也来到这里集结。鉴于1955年是美、苏两国冷战最激烈的时期，美舰当时的行动耐人寻味。它们是不是为"恺撒号"而来呢？"恺撒号"的沉没是否与它们有关呢？没有人能回答这些问题，这成了悬在人们心头永远的疑问。直到今天，"恺撒号"沉没事故的真相仍是一个谜。

魔鬼海的船难

大西洋的百慕大三角区以吞噬舰船和飞机闻名，至今还没有完全揭开其秘密。然而曾几何时，日本千叶县野岛崎以东海面，也以沉没巨轮而跻于"魔鬼海"之列。

千叶县野岛崎位于日本房总半岛最南端，东濒烟波浩渺的太平洋，西临东京湾，与横须贺隔海相望。野岛崎以东海域，即北纬30～36度，东经144～160度之间的海域，每年的12月至翌年2月，常常有一种高达20至30米的金字塔三角波，突然从海面喷涌而上，它本身包含有几千吨剧烈翻腾的奔涌海水，其力量足以把巨轮劈成

两半。近几年来，已有9艘巨轮在此罹难，100多人丧生。航海家们望而生畏，称它为太平洋"魔鬼海"。

"尾道丸"是日本一艘载货56300吨的矿砂、煤炭、谷物运输船，长218米，宽317米，吃水11.6米，有8个大货轮。自1965年12月投入运输以来，来往于日本、美洲、澳大利亚和欧洲之间。它的第106次航行成为该船航运史上的最后一页，它没能抵达航途的彼岸，就葬身于"魔鬼海"海底。

1980年11月27日7时50分，"尾道丸"在美国南部的莫几尔港解缆起航，它的货舱里装着53903吨煤炭。"尾道丸"穿过了墨西哥湾，进入了巴拿马河，然后驶入烟波浩瀚的太平洋，向日本方向驶去。经过一个月的连续航行，"尾道丸"到达北纬30度，西经160度的海区，这里是西太平洋低压中心的南缘。"尾道丸"遇到了强西风和大波浪，航速显著下降。巨轮在万顷翻腾的波涛中艰难地前进着。1981年2月11日18时5分，"尾道丸"在北纬15度22分，东经155度28分处沉没，其巨大残体沉向深邃的太平洋底。

除了"尾道丸号"，还有多艘轮船在这一海域遇难。

1969年1月5日，日本54000吨的矿砂船"博利瓦丸"在从秘鲁开回日本途中，在野岛崎东南500千米的洋面上被折成两段。当时天气少云，风力8级，波高7米。该轮10时30分遇难，11点27分尾部突然倒立而沉没，31名船员仅2人获救。

1970年1月5日，在距野岛崎1300千米的海面上，10210吨重的利比里亚油轮"索菲亚号"断成两截沉没。接着另一艘15977吨重的利比里亚货轮"安东尼奥斯·狄马迪斯号"于2月6日在距野岛崎1800千米处的海面上沉没了。这两艘船上共有16名船员死亡或下落不明。

1970年2月9日，更大的一艘矿砂船"加利福尼亚丸"（62000吨）在野岛崎以东280千米处沉没。当日晚22时30分，它连遭两次巨浪，"水榔头"把左舷一号压载水舱打出裂口，产生左倾而不能航行，于是发出"SOS"呼号，附近的澳大利亚货轮于10日凌晨3点半赶到现场，救出24人，船长等4人因拒绝离船而遇难。6时50分，船尾上翘而急速下沉。

1980年12月28日，南斯拉夫货轮"多瑙河号"（14712吨，船员35人）从美国洛杉矶起航，驶往我国青岛。一路平安，谁知航行到日本附近的"魔鬼海"时，却销声匿迹，突然失踪了。

就在"多瑙河"神秘失踪的前几个小时，即27日夜11点左右，从智利驶往日本名古屋的利比里亚货轮"阿迪尼斯号"（29700吨，船员32人）也驶过这个海域，并在距野岛崎以南570千米处发出了求救电报。日本海上保安厅立即派出了"野岛崎号"巡逻船，将该船的全体船员救了出来。获救的船员说，当时这一带海上刮着每秒达17～28米的猛烈西风，平均浪高达4米以上。或许"多瑙河号"就是被风浪打沉的。

1981年1月2日，即"多瑙河号"失踪5天以后，下午5时47分，希腊货轮"安提帕洛斯号"（13861吨，船员35人）也在野岛崎以东1300千米处的"魔鬼海"突然失踪了。

北太平洋冬季的风浪是很大的，但是对万吨级以上的巨轮来说，它并不能构成严重的威胁。因为在船舶设计时已经考虑了抗风浪的能力，其强度显然是能对付这种风浪的。然而，对于在"魔鬼海"掀起的那些高达20～30米的金字塔形的"三角波"，许多巨轮却难以抗御，以致被送进"魔鬼海"的深渊。这种奇怪的"三角波"形成原因至今还是个谜。

泰坦尼克号的沉没

1912年4月15日午夜，一艘豪华巨轮正沿着大西洋北岸高速驶往纽约。头等舱的达官贵人们正坐在沙发上优雅地交谈着，三等舱的乘客也在自己的天地里尽情狂欢。突然一声巨响，豪华巨轮撞到了冰山上。船长立即命令船员们将所有机器立即开到"全速返回"的档次，但是一切都已经晚了，晶莹剔透的坚固的冰山已

经将巨轮划开了一条长达90米的大裂缝，刺骨的大西洋海水瞬时汩汩地随缝而入。一切紧急的营救措施都赶不上海水涌入船舱的速度，四个小时以后，这艘号称"大西洋女王"的巨轮——"泰坦尼克号"沉入了冰冷的大西洋海底，在1308位乘客和898位船上工作人员中，共有1503人遇难，仅703人获救。"泰坦尼克号"长眠

于海底，它的处女航也成了自己的"末班行"。

1912年4月10日，整个南安普敦港沸腾了，整座南安普敦城沸腾了，人人欢欣鼓舞，赶往海边观看世界巨轮的起锚。远航的人们精神焕发、神采飞扬，送行的人们频频招手、不断祝福，看热闹的人们心情激动、兴奋异常。市长、轮船公司经理和整座城市的市民纷纷聚集在南安普敦码头，为"女王"钱行。船上船下欢声一片，彩旗招展，热闹异常。

威风凛凛、昂然前行的"泰坦尼克号"于4月14日靠近了北美大陆，即进入了多冰的北大西洋危险海域。辽阔的洋面上，放眼望去，一座座晶莹无瑕的冰山在阳光的普照下显得亮丽剔透，并随着波浪飘移浮动，要不是它的强大的破坏力，的确是一道独好的风景。站在甲板上观光的旅客也发现了这道亮丽的风景，禁不住欢呼雀跃起来。这时候富有经验的老船长约翰已经明白了巨轮所处航线的危险性，立即命令道："舵手听令，将航线向南偏行。""泰坦尼克号"的航线开始南偏，向东南方向航行。离开冰山区的游轮前行速度显得不那么吃

力，以每小时21海里的速度向目的地航行。一切与往常一样，船舱里洋溢着欢快的气氛，唯一令值班人员觉得不能忍受的就是，空气中的温度仿佛越来越低，在值班的哨兵一边四处走动一边观察着前方的航线。突然，透过浓浓的黑雾，他发现了前方的冰山，这座巨大的冰山在漆黑的海面上显得有些刺眼。"不好，这么近的一座庞然大物，按常规慢慢转行，显然会让全船的人丧身海底。怎么办？"在危急时刻，哨兵立即发出警报，听到警报后，各个机器前的工作人员即刻扭转航向，就这样，"泰坦尼克号"陡然转变方向。惊慌过后，哨兵定睛看时，发现这一紧急转弯，刚好避开了从"泰坦尼克号"旁边漂浮而过的一座高出洋面百余英尺高的冰山。"噢，上帝，真是万幸。"哨兵望着眼前的庞然大物，长长地出了口气。这时是1912年4月14日晚10时20分，轮船正航行在加拿大纽芬兰岛外侧大浅滩以南95英里处。

"上帝，好险啊，密切注意前方，一发现冰山及时汇报。"船长眺望着北大西洋漆黑宽阔的洋面，对站在旁边的哨兵说到。"是，阁下，

我一定会的。"哨兵做了一个立正的姿势，回答道。突然，船长听到船底发出一种异样的颤动声，这种声音对于站在甲板上的人来说，轻微得几乎听不到，如果没有经验或不仔细检查，根本不会觉得异样。船长说了句"糟糕"，立即往船的下层奔去，工作室一间间地检查，当他经过主机房时，那种声音顿时变大。密封舱外，船长惊恐地发现，船上的16个密封舱内，已经有5个灌满了水，"泰坦尼克号"的安全程度是4个密封舱灌满水不会下沉，显然游轮的处境已经非常危险。这些水是从船体右侧的一条长达300英尺的巨大裂缝涌入船舱的，"泰坦尼克号"根本没有撞上冰山，怎么会有这么巨大的裂缝？难道船身的质量出了问题，当然不是。原

来冰山从"泰坦尼克号"身旁漂移而过时，隐藏在海面以下的部分已经狠狠地撞到了船身。"大洋女王"正在迅速下沉，所有的抽水泵一齐发动也来不及将涌入的水抽出去，情况非常危急。船长愤怒地奔往机要舱，通过无线电向外发出遇难求援信号——"SOS"，这是1912年刚在国际上达成的一致呼救信号。当时离"泰坦尼克号"最近的是20英里以外的一艘名叫"加利福尼亚人"的荷兰轮船公司的客轮，可是由于当时船上没有报务员值班，没有收到"泰坦尼克号"发出的求救信号，继续自己的航行。

当船上所有的工作人员进入警备状态，采取各种各样的紧急救援措施时，而乘客们依然悠然自得地做着各自的事情。当乘客们兴趣盎然地沉浸

在欢乐中时，传来了一阵低沉、紧促的弃船警报声，接着，船长那沉痛而又充满歉意的声音传入了巨轮上每个人的耳膜："各位，'泰坦尼克号'正在往下沉没，尽管我们采取了各种救援措施，但却无济于事，所以我们现在只能弃船逃生。可现在的问题是，船上的救生艇只能拯救不到一半的乘客，我们周围也没有其他的可以搭乘的船只。我们中的大多数只能在几个小时以后随同"泰坦尼克号"一起沉没……孩子的哭叫声，老人的求救声，妇女的呼喊声，人们杂乱的脚步声混在一起，整条船陷入了恐慌之中。

船长命令："所有的工人都到主甲板集中，谁乱跑就枪毙谁！""所有的男人立即行动起来，帮助妇女、儿童和老人上救生艇。将救生衣先让给老弱病残……"船员们爬上高高的扶梯，解下缆绳，稳稳地放下一个又一个救生艇。妇女、儿童、老人一个个地被扶进救生艇，在这生死攸关的时刻，每一位有人性的善良的人都显得很有君子风度。许许多多的人没有哭喊、没有咒骂、没有怨天尤人，而是镇静而安详地面对着从天而降的大祸。他们将别人的老人和妻儿、自己的老人和妻儿井然有序地送上救生艇，站在船头，望着他们渐渐地远去，脸上显出一幅安详恬静的表情，没有一丝一毫的怨恨和不满。

船上所有的工作人员都不得上救生艇，必须与"泰坦尼克号"共存亡。一位站在甲板上的无线电报务员正等待着那悲壮时刻的到来，发现人们正设法将一艘救生艇推入海中，可是所有的人显得毫无经验，束手无策，他急忙跑过去帮他们，恰在这时，一个巨浪猛拍过来，整条救生艇立即被吸入海中。当紧紧抓住桨扣环的电报员睁开眼睛时，发现自己被反扣着盖在船下面，救生艇被打翻了，底朝天地在海上漂浮着。他感到呼吸越来越困难，于是狠命地向不远处的另一艘救生艇游去，这时有人从船上伸出手拽住了他，他被救了上来。最后一艘救生艇也被放入了海里，逃离险境的人不到全体人员的三分之一，余下的1500多人静静地等待着决定命运时刻的到来。

1986年，人们捕捉到了躺在海底的"泰坦尼克号"的信息，轮船的船首与船尾在沉没时被折断了，两部分相隔600米。

出师未捷的罗塞斯舰队

黑黢黢的夜色中，一只舰队正在悄然行驶。这是1918年1月31日。此时，第一次世界大战激战正酣。这只正在行进中的舰队是英国海军罗塞斯舰队。它的任务是从罗塞斯港出发，经福尔斯河拱形铁路桥，进北海，与科克沃舰队会合后，共同袭击德国舰队。

罗塞斯港位于南苏格兰，英国对德宣战后，英国海军将兵力分驻在这里和北苏格兰的科克沃港。不久以后，英国又在靠近北海战场的福尔斯湾新建了罗塞斯基地，以便在此停泊潜艇和大型军舰。因此，罗塞斯舰队的主力正是潜艇和战列舰、巡洋舰等一些大型军舰。它们将在攻击中起到重要作用，特别是其中的K级潜艇，它是英国海军主要的攻击力量。

罗塞斯舰队在当日晚6时接到英国海军司令部的命令，他们马上出发，以20节的航速按照指定航线前行。当晚没有月光，天黑得伸手不见五指。为了不贻误战机，他们必须在指定的时间内赶到目的地，与其他舰队会合。因此，整个舰队熄灭了船上所有的灯，在黑暗中开足马力全速前进。

行至福尔斯湾处迷岛附近时，一场大祸突然从天而降。首先出事的是舰队中的"K14号"潜艇。当时，几艘渔船正向它迎面驶来，在舵手转舵的时候，舵机突然发生故障，"K14号"一下子撞上了旁边的僚舰"K22号"。在茫茫的夜色中，两舰顶在一起，怎么也分不开。随后而来的战列舰不屈号在5分钟后驶到这里，由于不明情况，其巨大的舰身一下子压到了"K14号"身上。这时，负责潜艇舰队指挥和联络的轻巡洋舰无畏号和旁边的"K17号"同时发现了这里的情况，它们急于赶来救助"K14号"，慌乱中正好撞在了一起。"K17号"被撞为两截，当场沉没，无畏号也被迫停车。幸好，在一片混乱中，它命令后面的舰船一一停了下来，避免了更大的损失。但在这个过程中，由于相距太近，"K4号"与"K6号"在惯性的作用下仍然撞在了一起，"K4号"断为两截后迅速沉没，"K6号"也严重受损。

此时，罗塞斯舰队的噩梦才告结束。发生事故的6艘舰艇2沉4伤，舰队的攻击力大减。无奈之下，海军司令部不得不命令"出师未捷"的罗塞斯舰队返回基地，原作战计划全部取消。

赛勒姆号神秘沉没

1980年是西方海运业不平静的一年。在这一年中，至少有279艘船只因各种原因葬身海底，总吨位高达230万吨。船只在海洋上失事并不是什么新闻，但数字如此庞大却着实让人大吃一惊。对这一奇怪的现象，有人认为，至少有100艘船是故意沉没的，其目的是为了诈取巨额保险金。在这一系列事件中，始作俑者就是利比里亚籍超级油轮"赛勒姆号"，它于1980年1月17日上午，在西非塞内加尔近海神秘沉没。

事件发生时，英国油船"海神载号"正在附近行驶。当他们发现远处有船遇难时，立刻驶近救援。这时，"赛勒姆号"已经冒起浓烟，并船头向下，缓缓地向大西洋中滑去。船长希腊人迪米特里奥斯·乔古利斯

下令全体船员弃船，23人分乘两艘救生艇向远处驶去。"海神戟号"救起了他们。但对"赛勒姆号"已经无能为力。几分钟后，在人们的注视下，"赛勒姆号"最后露在海面的油轮层部缓缓地没入了水中。"赛勒姆号"最终沉没在了大西洋最深处的海沟里。事发之后，"赛勒姆号"所装原油的货主，希尔国际贸易公司向投保的英国劳埃德保险社索取保险赔偿。这是劳埃德保险社成立以来接到的最大一宗保险赔偿案，总赔偿金达5630万美元。对于这次事故，劳埃德保险社表示怀疑，他们认为"赛勒姆号"是故意沉没的，如果这一判断属实的话，那将是有史以来最大的一桩海事诈骗案！为此，劳埃德保险社的保险和海洋事故调查专家们展开了周密的调查和分析。

一段时间后，调查毫无进展。"赛勒姆号"故意沉没的证据并不充足。正当专家们一筹莫展之际，海运业内又爆出新闻！希尔国际贸易公司又对"赛勒姆号"的船主弗雷德里克·沙丹提出起诉，控告他在南非命令该船秘密卸下17万吨原油，从中牟利。

在此事发生之前，南非就已被列入阿拉伯石油生产组织的禁运名单。南非本国不产石油，对石油的需求完全依赖进口。由于阿拉伯石油生产组织的禁运，南非对石油的需求十分迫切。为此，南非比勒陀利亚政府不止一次对外宣称：南非将不惜一切代价，收取任何方式、任何地区的石油。这就是说，与南非政府进行任何形式的石油交易都将从中获得暴利。巨额的利润使许多人怦然心动，铤而走险。在这样的背景下，"赛勒姆号"的行为也就不足为奇了。一石激起千层浪，一时间，"赛勒姆号"事件搅得西方海运业沸沸扬扬，甚至惊动了英国伦敦苏格兰场，他们受人委托对此事展开了详细而周密的调查。一切疑点都集中在了"赛勒姆号"船主沙丹身上。

沙丹，36岁，美籍黎巴嫩人，自称石油掮客和保险代理人，居住在休斯顿。1979年10月，沙丹在英国开设了一家由他独自经营的牛津海运公司。11月，他斥巨资1150万美元买下了一艘具有10年舰龄的瑞典超级油轮，并将它更名为"赛勒姆号"，一名自称伯特·斯坦因的40多岁男子应征成为"赛勒姆号"的船长。在召集了一些船员后,"赛勒姆号"开始了第一次航行。他们首先在科威特装载了14.4万吨原油,随后驶往意大利的热那亚,将原油卖给了意大利一家独立石油公司——庞杜依尔公司。成功完成这次航行后,希腊人迪米特里奥斯·乔古利斯接替了斯坦因的职务,成为"赛勒姆号"新的船长,在他的指挥下,"赛勒姆号"再一次从科威特运送原油。途经南非后,"赛勒姆"在塞内加尔近海失事。针对这些情况,苏格兰场决定双管齐下,一面对沙丹进行严密的监视,一面对乔古利斯及与此事有关的人员分别进行调查。经过不懈的努力,调查终于有了初步的结果。据推测,事情的经过大体是这样的:

12月17日,"赛勒姆号"在南非最大的港口德班下锚。之后,他们秘密卸下原油,在油舱中注满海水,并将船体上的船名涂改了三个字母,使其变为"利马号"。次年1月2日,他们秘密起航,离开了德班。为了掩盖这一秘密交易,几天后的1月17日,"赛勒姆号"在塞内加尔内海故意沉没,制造了失事的假象。这样,他们既能在倒卖石油的交易中大捞一笔,又可以获得巨额保险金的赔偿,真是一箭双雕。

不少人相信,事实的真相就是如此。英国"海神戟号"船员对此提供了重要的证据。当"赛勒姆号"沉没时,他们亲眼目睹这艘装载了十几万吨原油的巨轮溢出的原油极少,这在当时就引起了他们当中不少人的怀疑。不久以后,"赛勒姆号"的一个突尼斯船员提供了更为有力的证据。他向塞内加尔官方证实了"赛勒姆号"在德班的停留时间以及沉船时的大致情况,这和人们的预料大体相同。在沉船的那一刻,他肯定船内的原油的确很少。但在关键问题上,即石油是否被更换为海水,由于他不知内情,所以不敢肯定。由于在这一问题上没有确切的证据,调查陷入了僵局。

至于其他方面的调查,进展也不顺利。对于沙丹,长时间的监视一无所获;对于乔古利斯,虽然事实证明他的船长执照是伪造的,他根本不具备船长资格,并且他还与以往的一件沉船案有关,但在此次沉船问题上,由于乔古利斯声称,他的航海日志与油轮一起沉没了，当局对他无可奈何。

经过长时间的调查，结果仍然是"证据不足"。当局因没有确切的证据而无法追究肇事者的责任，最后只得放弃了继续追查的行动。迫于压力，劳埃德保险社也不得不如数赔偿了5千万美元的保险金。此例一开，为船只投保的世界各大保险社麻烦接踵而来。仅以劳埃德保险社为例，在一年之内，向它投保的5艘超级油轮和数十艘其他船只相继沉没。为了调查这些失事的船只，劳埃德保险社投入了大量的时间和精力，最后仍然不得不对他们分别做出了不同程度的赔偿。这使劳埃德保险社陷入到严重的财政困难之中，几近破产的边缘。

雅茅斯城堡号的沉没

1965年11月12日，370名乘客搭乘"雅茅斯城堡号"轮船，驶往巴哈马。根据广告中的宣传，乘客们相信这将是一次安全而愉快的旅行，正如广告中所说的，这艘船将驶往"有异国情调的、迷人的纳索"。

在船上度过的第一个夜晚，乘客们都满意极了，船上为他们准备了盛大的宴会和舞会，他们都玩得十分愉快，也都玩得困乏极了。舞会结束时，已经是深夜了，大多数乘客回到船舱后马上就睡着了。谁也不会想到，这竟是一次残酷的死亡之旅。

凌晨2时左右，无人居住的601室起火，几位船员看到火星从601室门上的百叶窗迸射出来，立即把门踹开。室内的火苗跳跃着向他们扑来，他们迅速取来灭火器材，但却惊

恐地发现火势已经控制不住了。"雅茅斯城堡号"的船长拜伦·沃特辛纳斯(持有黎巴嫩的商船船长执照)是一位年仅33岁的年轻人。听到起火的消息后,他立即赶到现场。但是,说实话,他也没有处理这类事故的经验。他身上拖曳着火焰,冲上驾驶台,从过道上跑过,登上舷梯。

船上的骚动惊醒了所有的乘客,当他们知道发生了什么事情时,没有一个人能控制自己的尖叫声。一阵骚乱过后,乘客们要求放下救生艇。但接下来的事情几乎令人们绝望,因为,这艘船根本就无法自救。"客舱里,他们没有安放任何救生用品。"杰拉德·麦克唐涅尔事后怒气冲冲地发着牢骚。他还说,当时他走上甲板,却发现"缆绳上了油漆,他们没法放下救生艇……甲板上也没有救生圈"。

在数百名乘客中,乔治和维奥拉·布朗算是十分机灵的两位了。在混乱之中,他们率先爬上了一只救生艇。正当他们暗自庆幸时,却又惊恐地发现:这只救生艇根本无法放下,绞车也不能使用。后来,他们又爬上了另外一条救生艇,但艇上却没有

桨。在靠近船尾的地方,聚集着许多乘客,一双双满含希望的眼睛注视着船尾的救生艇,但许多救生艇却始终弄不下水。终于,有一只救生艇被人们放下了,数百人蜂拥而上,有50名乘客和船员幸运地挤了上去。

救生艇划走了,大部分的人仍留在船尾上,看着救生艇渐渐从视线里消失,人们心中的绝望也在一点点地增长。越来越多的人终于无法克制自己,伏在船舷上失声痛哭。幸而,在"雅茅斯城堡号"后面不远处,有一艘名叫"巴哈巴之星号"的游船晚它40分钟起航。船长卡尔·布朗站在船头,忽然发现前面有一片被火光映照成橘黄色的天空,立即命令全速前进,以便进一步查明情况。几乎与此同时,行驶在"雅茅斯城堡号"前面的芬兰内燃机船"芬帕尔普号"也发现了火光映照的夜空,也掉转船头前来救援。

当"巴哈马之星号"和"芬帕尔普号"赶到现场时,"雅茅斯城堡号"的船长沃特辛纳斯和几位船员已上了一条救生艇,划桨迅速地离开了。

"巴哈马之星号"的布朗船长

命令自己的船尽量靠近"雅茅斯城堡号"，后者此时已经开始迅速地下沉了。由于靠得太近，"巴哈马之星号"的烟囱的油漆都被火燎得起了泡。布朗船长拿着手提式扩音器向排在正在下沉的"雅茅斯城堡号"船沿铁栏杆边的乘客高声呼喊："听我说，我们的救生艇正朝你们的船划去。顺着缆绳爬到救生艇上，要不就跳水，但注意别落在别人身上。"在他从容有力的指挥下，"雅茅斯城堡号"上的乘客们安静了许多，救援工作也进行得更顺利了。

1965年11月13日上午6时5分，燃烧了4个小时的"雅茅斯城堡号"终于沉没了，"巴哈马之星号"虽救起了大部分乘客，但仍有87名乘客和2名船员遇难。布朗船长后来回忆说："它越来越向左舷倾斜，然后在蒸气弥漫之中船尾没入水中。"他觉得很遗憾，因为他没有救出所有的人。

事后，有关部门对这件事故进行了深入的调查，认为"雅茅斯城堡号"上的安全设施极不完善，救生设施也不合要求。最重要的是，根本就没有人对此表示过关心。到事故发生时，"雅茅斯城堡号"已经有38年的船龄了。在二战时期，它曾悬挂着美国国旗运送军队。战争结束后，它又挂上了黎巴嫩国旗。最后，它又改悬巴拿马国旗。事故审理人员认为，船的主人之所以选择了巴拿马国旗，是因为这样一来，就不必按美国的安全标准来要求这艘船了，即使船上的乘客大多数都是美国人。

在它的最后一次旅行中，"雅茅斯城堡号"的船舱里满载着易燃家具，睡舱的墙壁是用厚木板镶成的。在布置舱房时，船尾还使用了地毯、挂毯等易燃的物品。没有人知道船主在对这艘旅游船作如此设计时是怎样考虑的。总之，在航行中，它简直可以说是一个浮动的易燃体。而从事故发生到轮船沉没，在整个救援过程中，我们可以看到，"雅茅斯城堡号"提供给乘客们的救生设施确实是令人不可思议的糟糕。

堡垒号客轮失事记

纽约沃德海运公司有一艘名为"堡垒号"的客轮，该船美观大方，性能优良，内部装饰典雅，豪华舒适，深得游客的喜爱。不料，一场莫名其妙的大火却使它毁于一旦，而同时死伤的300余人更令人为之扼腕叹息。1934年9月7日，"堡垒号"自哈瓦那返回纽约，船上共有450名乘客，包括138名德美协和女神合唱协会的会员。客轮起锚前例行开了招待会，以往从不缺席的船长这次却没有参加，晚上7点钟，他便因心脏病突发而一命呜呼了。代理船长匆忙上任，可是，

就在开船前不久，船员和乘客竟都喝得酩酊大醉，启程的准备工作显得那样漫不经心。"堡垒号"终于上了路，夜幕降临之时，客轮正沿大西洋海岸向北航行，又遭到一场飓风的袭击。然而沉浸在欢乐中的游客们却没有受到丝毫影响，有的在舞厅跳舞，有的在卧舱里豪饮狂欢，甚至有6位

女士竟然因为饮酒太多兴奋过度而死。人们没有意识到，这一切意外正预示着灾难即将降临。

第二天凌晨2时15分左右，一位名叫保罗的旅客走出客舱寻找同屋的伙伴，他随手推开会议室的门，却看到了滚滚浓烟，应声跑来的服务员走上前去，刚一开门，一条巨大的火龙便迎面扑来，转眼屋里才换下来的150条毛毯和桌椅、地毯等已化为了灰烬，呼救的声音惊醒了旅客，船员们立即赶来灭火，可当他们拧开水龙头，管内的水竟然一点压力都没有，只能眼睁睁地看着大火向四处蔓延，不一会儿，整条船都燃了起来，火光照亮了天空，舱内到处都是浓烟，能见度仅有几米远，一些旅客来不及逃跑已被烧死在客舱里，而代理船长沃姆竟仍然命令客轮全速行驶，大风更加助长了火势，在三副的强烈要求下，船终于原地抛锚。

令人遗憾的是，在这种紧急的时刻，"堡垒号"的船员们没有表现出他们应有的素质和责任心，他们本来可以凭借经验帮助一些旅客逃离险境，但是他们却违背了自己职责，彼此间竟为了争夺救生艇斗得你死我活，轮机长命令轮机手坚守岗位，自己却先抢了条救生艇逃之夭夭。旅客们失去了救助，有的被活活烧死在船上，有的跳入大海，试图靠游泳来挽救自己的生命，然而不少人还是被大浪吞没，葬身鱼腹。

清晨，当"堡垒号"漂到岸边，成千上万的人们都被眼前的惨状惊呆了，船壳仍在燃烧着，烟柱不断冒起指向天空，船上到处都有烧焦的尸体，海面上漂浮的人们也早已气绝。而在到达岸边的两条救生艇上，获救的42人中竟有40个都是船员。

在这次灾难中，共有133人遇难，200余人受伤。事故的起因一直没能查清，幸免于难的代理船长沃姆和轮机长艾伯特等人均以玩忽职守罪被起诉，沃姆被判两年监禁，艾伯特被判有期徒刑四年，他们应该为自己的行为付出代价，可是相比那些无辜死去的人们，这样的处罚真是太轻了。

希腊客轮遇难爱琴海

2000年9月26日深夜，爱琴海上演了一幕"泰坦尼克号"式的沉船悲剧：一艘满载510名乘客和船员的客轮触礁沉没，至少55人死亡，22人失踪，但最终死亡遇难人数还可能上升。

当地时间9月26日(北京时间9月26日晚22时)，希腊莫尼安客运公司的大型客轮"萨米娜特快号"满载着447名乘客和63名船员从雅内西面的比雷埃夫斯港起航，准备驶往爱琴海度假胜地帕罗斯岛。船上多数的乘客都是冲着风景如画的帕罗斯岛慕名而来的外国度假游客。按照"萨米娜特快号"客轮的航行计划，它将逐一泊靠纳克索斯岛、萨默斯岛。"萨米娜特快号"客轮出航时的天气非常好，加上帕罗斯岛各航线又是"萨米娜特快号"客轮的老航线，所以不论是乘客还是船员都觉得这是一次愉快的海上航行，他们做梦也没有想到几个小时后会发生"泰坦尼克号"式的特大

海难，并有许多人因此丧生。

当地时间夜里22时30分，一阵剧烈的撞击使整条船颤动了起来，船舱内乘客的行李或者桌面上的杯子茶具咣当当劈头盖脸地砸在正在谈天说地的乘客们的头上和身体上，一些蒙头大睡的上铺乘客被掀落在船舱地面上，部分船舱的灯光一下子就熄灭了。刹那间，人们全都愣了，有那么好几秒钟谁也喊不出什么。紧接着，乘客们不约而同地发出尖叫声和呼救声，各个船舱里乱成一团。一分钟后，船长通过紧急广播系统告诉乘客一个可怕惊人的消息："我们的轮船触礁了，请全体乘客不要慌张，配合船员做好逃生准备！"船长的通报顿时让乘客们乱成一团，这时，乘客和船员们能隐约感觉到船体发出可怕的金属撕裂声，船只开始慢慢地斜了起来。更加惊恐万状的乘客开始涌向甲板，然而，看着黑漆漆的茫茫大海，乘客们更加害怕，许多人都失声痛哭起来。此时，已经20分钟过去了，"萨米娜特快号"才向希腊海岸警卫队发出第一个船只遇难下沉的紧急求救信号。希腊海岸警卫队的快艇紧急出动，并且率先赶到出事现场。"萨米娜特快号"客轮触礁沉没的消息得到证实后，希腊政府立即动员一切可以动员的力量参加搜索与救援行动：驻爱琴海沿岸的希腊海岸警卫队的舰只倾巢而出；泊在海难发生地附近各港口内的渔船、游艇、货轮全部出动；正在爱琴海水域游弋的英国皇家海军"利物浦号"战舰也加入搜索与救援行动的行列。

然而，出事海域的状况非常恶劣：现场漆黑一片，风力高达8级，海面上伴有中浪……所有这些不利因素都加大了救援行动的难度。为此，希腊空军紧急派出一架C—130大型运输机和数架直升机急飞出事海域，不停地向海面投下照明弹。正巧在出事海域不远参加一海军演习的其他英国战舰立即派出三架直升机参加救援，他们很快在出事海域附近的礁石上救回了至少12名又冷又怕、浑身是撞伤和擦伤的乘客。获救的乘客和船员们被立即送往帕罗斯岛。

关于遇难者和失踪者的人数，各方说法不一：帕罗斯岛消防队长安德雷斯·科伊斯说，听到船难发生的消息后，他紧急出动了100名消防队员，经过紧张的救援，光是他手下的人员就在帕塔海滩捞起了17具遇难者的尸体；帕罗斯岛卫生中心负责人德米特里斯·斯塔拉基斯透露说："遇难者中应该有不少的儿童。"至于最后的死亡人数，希腊运输部表示尚未有最后定论，但目前可以确定遇难乘客人数为55人，失踪者达22人。然而，最让运输部和现场救援人员担心的是，此时正是希腊夏天旅游旺季，许多外国游客和希腊本国游客都是举家出游的。而根据希腊船运规定，5岁以下儿童可以免费乘船，并且无需列入乘客名单，所以最终遇难和失踪的人数可能还会上升。

对于海难发生的原因，希腊运输部表示会成立专门的委员会进行调查。不过，据目前已掌握的情况和幸存者的讲述来看，"萨米娜特快号"操纵人员为首要原因。"萨米娜特快号"船长和船员对这片海域的海情应该非常熟悉，而撞沉轮船的暗礁更是行驶在这条航线上所有希腊船众所周知的暗礁。希腊海岸警卫队对这起重大海难感到非常不可思议，因为尽管"萨米娜特快号"是一条有34年船

龄的客轮，但这条450英尺长、排水量4407吨的客轮还算先进，最不可思议的是，"萨米娜特快号"撞上的这块礁石不但在所有的海图上标得一清二楚，而且礁石上还有导航灯！难怪希腊海岸警卫队指挥官西里戈斯摇着头不可思议地说："除非是瞎子，不然的话谁都能看清楚那刺眼的导航灯的！"此外，海岸警卫队正在调查为什么"萨米娜特快号"上的船员足足拖延了20分钟才发出求救信号。一位接受调查的船员解释说："我们当时有足够的时间把乘客和船员弄出船，我们敢保证所有的船员和乘客都离开了船。"另一条客轮的船长托斯卡拉斯惊诧地说，他每天都要跑一趟同一条航线，但从来没有听说过有哪条船居然触到那块礁石上："除非他是有意撞沉轮船！"

不过，据当地媒体报道，海难原因很可能是因为失事船只年久失修。因为，失事的"萨米纳特快号"已服务了34年，预计于明年退役。但也有人说，当时船员们正在观看希腊队和德国队的足球比赛的电视转播。

德国兴登堡号飞艇爆炸

1931年，德国开始了"兴登堡号"巨型飞艇的设计工作。它是以当时德国总统的名字命名的，整个研制工作历时53个月，耗资360万美元，于1936年完成研制并首次试飞成功。这艘世界上最大的硬式飞艇长250米，最大直径41.4米，高44.8米，总重量206吨，载重量19.06吨，装有4台1100马力的柴油发动机，巡航时速135千米，续航时间约108小时，艇上还设有无线电话和电报系统，堪称当时飞艇技术之顶峰，被誉为希特勒的

骄傲。

这艘巨型飞艇可在复杂气象条件下做环球飞行。自1936年3月首次试飞到1937年5月6日失事，它共运送旅客3059人次，总航程达33万千米，37次飞越大西洋。

1937年5月3日，"兴登堡号"载着61名乘务人员和36名乘客，从欧洲法兰克福飞往美国的莱克赫斯特。经过76小时的飞行，6日下午6时，它朝船坞塔飞去。几十名水手站在船坞上，等待着飞艇从腹部放下绳子，1000多人在周围观看。

下午6时21分，飞艇前部的活动板门弹开，从中放下一条绳索，由水手抓住。这时，地面上的一些船工注意到，飞艇尾部的部分构件似乎颤动了一下，好像从飞艇里跑出少量气体。为了补偿突然失去的平衡，飞艇尾部释放出4000多升的压舱水。艇长由于意识到飞艇接近船坞塔的速度过快，便命令倒开尾部的两部柴油发动机，结果引起火花迸发。

突然，晴空响起了可怕的爆炸声。"兴登堡号"飞艇尾部随即冒出巨大的火焰，红色和白色的火焰包围了飞艇的鱼尾形尾部。飞艇被炸成两截。尾部坠落，头部却朝上直冲天空，在空中停留了几秒钟后，又摇摇晃晃地落向地面，向四周吐出巨大的火舌。

几十名乘客立即从飞艇的座位上摔下来，掉在沙地上。一些乘务员下落时，想抓住悬吊到地面的导绳，但没有抓住，结果被摔死了。许多乘客和乘务员从飞艇吊篮式的客舱中跳出，没有跳出来的人也被巨大的爆炸弹出舱外。

在这次事故中，艇上有22名机组人员、13名乘客和1名地勤人员共36人遇难。从此以后，飞艇的客运量急剧下降，洲际航行被迫中断，飞艇的航运业处于停滞状态，飞艇技术的发展受到严重的冲击。

前苏联契留斯金号冰海遇难

海上探险是一项很有刺激性的工作，同时也充满了冒险的代价。前苏联航轮"契留斯金号"开拓北冰洋航线的旅行是诱人而又残酷的。万里无垠的北冰洋洋面上，在厚厚的冰块上支起帐篷，谈天说地、滑冰、乘雪橇……的确是极具诱惑力的一种生活。同时，这一切欢快是建立在令人发指的恐怖之上，庞大的航轮被冰冻在洋面上一动不动，随时都有被巨大的海浪吞没的危险。"契留斯金号"就是在这条诱人的航线上结束了它的旅程。

1932年，前苏联轮船"西伯利亚科夫号"曾经对北冰洋航线做过一次探索，此次航行是从摩尔曼斯克出发，通过北冰洋，穿过白令海峡，最后到达前苏联东部地区。这次试航获

得了圆满成功，但人们认为这只是当局的看法，他们觉得胜利纯属偶然，因为北冰洋航线的自然条件实在太恶劣了，气温极低，浮冰遍地，风向不定，那里似乎存在着太多难以克服的困难。为了消除人们的疑虑，前苏联北方海上航路总局决定让"契留斯金号"沿着"西伯利亚科夫号"航行的路线再试一次，以此证明北冰洋航线的可行性。

1933年7月12日，是"契留斯金号"出航的日子。"契留斯金号"傲然矗立在列宁格勒码头，没有显出一丝一毫的畏惧。这艘航轮是1933年刚刚由丹麦制造的，全长100米，载重量4700吨，排水量7500吨，最高航速12节，可以说它各方面都很优秀，已经达到了世界级标准，但唯一的也是致命的缺点是没有破冰能力。在北冰洋冰块满地的航面上行驶，没有破冰能力是一件很危险的事情。

负责此次考察航行的是前苏联著名的科学家，当时担任北方海上航路总局局长的奥托·尤利那维奇·施米特。船长维·沃罗宁是一位很有经验的航海家，1932年刚刚成功地指挥过"西伯利亚科夫号"成功地横渡北冰洋，前苏联当局对他充满了信任和希望。

1933年7月12日晚10点钟，舷梯收起，缆绳解开，汽笛长鸣，"契留斯金号"在人们的握手、拥抱和祝福中，缓缓地离开了码头，渐渐地消失在夜色中。"契留斯金号"到达了摩尔曼斯克港，它在这段航行中显得很安详、平静，没有遇到任何不测。8月10日，"契留斯金号"离开了摩尔曼斯克港，开始了它真正的探险旅程。船上装有298吨煤、500吨淡水，足够维持18个月的粮食以及符兰格尔岛的3年给养。另外，还有船员、科学考察队员等共100多人。这么充足的物品足够全体人员正常到达目的地，即使出现了意外也可以支持相当长的时间。

3天之后，当"契留斯金号"航行至喀拉海，它遇到了一点麻烦，喀拉海处处飘浮着浮冰，"契留斯金号"却无破冰能力，除了勇往直前别无他法，巨大的冰块在勇士的无所畏惧的前行中猛烈地撞击着船舷，二者相碰的吭吭声很清楚地传入船员的耳内，大家都觉得有些担心。第二天，舷板上出现了第一批凹陷，1号货舱

开始漏水。"契留斯金号"边排水边毅然地前行，直到它完全被浮冰包围，再也无法行进，"契留斯金号"被冰冻在水面上。船长乘坐袖珍水陆两用飞机，与驾驶员一道去视察冰情，经过45分钟的飞行视察，他感觉到了问题的棘手。

被冰封住的"契留斯金号"随着巨大的冰块一起漂浮，气温越来越低，可怕的严寒几乎把海面完全封住了。天气也愈发地恶劣了，时而暴风雨，时而大雾，船在风雪中苦斗着，每行进一步都要付出巨大的代价。

"契留斯金号"在两个月的航程中，经过了北冰洋的喀拉海、拉普帕夫海、东西伯利亚海、楚科奇海，接下来就该到达白令海峡了，但是处境却愈发的困难，因为冬季一天天临近，航船每前进一步都要付出艰辛的代价。10月初的时候，"契留斯金号"已被冻在冰上达半个月之久了，全体船员紧张地工作着，他们用炸药破冰，并且夜以继日地敲打船舷周围的冻冰，希望通过努力能使船掉过头去，早日到达目的地。但各种努力收效甚微，于是船长下令大家做好在船上过冬的准备。

被冰裹挟的"契留斯金号"步履

蹒跚地沿着一条冰道向东运动，在离谢尔德采卡缅角不远的地方，伤痕累累的船体的右舷第一舱甲板处又被浮冰撞了一个大洞。百忙之中破冰的人们又多了一项工作——排水。

举步维艰的"契留斯金号"几次眼看着就要穿过白令海峡了，可每次却都因为风向的改变，又向西北方向漂去。10月底的一天晚上，海面上忽然刮起了西北风，全船的人立刻欢呼雀跃，终于有希望穿过白令海峡了。冰包围着船体第十次经过了谢尔德采卡缅角，几天之后又经过了杰日涅夫角经线。11月3日，白令海峡已经出现在眼前，每位船员在心里默默地祈祷，盼望这次能够成功。

然而，奇迹并没有出现，希望又一次化为泡影，变化无常的天气又一次改变了风向——西北风转为了东南风，被浮冰裹挟的船以每小时5千米的速度向北漂去，"契留斯金号"离白令海峡越来越远，离目的地越来越远。船上的每一位成员眼巴巴地看着胜利从眼皮底下溜走，却都束手无策。"契留斯金号"一直被吹到了楚科奇海的西北角才停了下来，这时的船身已多处损伤，而且已出现了断裂的现象。楚科奇海西北角常年结冰，不利于漂浮。船长明白船队现在所处的环境，也知道将来的处境将是更加危险的，于是他吩咐大家做好应急准备的同时，又通过无线电向总局发出了救援报告。

当局接到报告后，决定派前苏联的"里特凯号"船前往救援。11月中旬，"里特凯号"已经接令前往执行任务，但后来当局经过具体分析，认为"里特凯号"不可能完成这项任务，而且也有可能被围困。为了减少不必要的损失，他们又命令半途的"里特凯号"返回。

被冰封在楚科奇海的"契留斯金号"一动也不能动，他们除了等待总局的援救，唯一可以做的事情就是作好应变的准备。船上的每一位成员都很明白自身的处境，大家在有经验的老船长的带领下，井然有序地工作、学习、娱乐。因为每个人都很清楚，慌乱在这时候只能增加危险的程度。

在地球纬度最北端的海面上，寒风凛冽，温度零下30摄氏度，被厚厚的冰层覆盖的海面上突然狂风大作，刺骨的海水掀起了8米多高的冰浪，被封冻了十多天的"契留斯金号"从冰块中推动了。这并不是个好兆头，险情在即，全船的人即刻进入了警备状态，大家紧张有序地将一切过冬的储备都运到了冰层上。时间不等人，在大家匆忙搬卸东西的同时，海水涌进了船舱，灌满了机房，浮冰的挤压越来越厉害，冰块不断地压进船体，铆钉一个个被挤掉，船体有的部分被挤扁，左舷船被挤裂，船体终于完全断裂了。

人们在惊心动魄中加速了搬运，当新的冰浪再度袭来时，"契留斯金号"的前半部分开始下沉，船长立即下令："将袖珍海陆飞机卸在冰层上，全体人员一起上冰。"10名妇女和两名婴儿首先被安全地安置在冰面上，船上的其他人员井然有序地撤到了冰层上。船的尾部也开始下沉，"契留斯金号"完全消失在了楚科奇海的海底。这时是1934年2月13日15时30分。此时，船上104人中除了一人不幸遇难，其余的全部安全到达冰面。

"契留斯金号"遇难之后，老船长一边加紧向总局请求救援，一边采取措施安抚所有队员的不安情绪。莫斯科当局在接到无线电救援报告后，立即组成营救委员会，采取紧急措施营救遇难的队员们。经过多方努力，救援飞机终于在第29次搜索中发现了冰层上的袅袅炊烟和奔跑的人群。飞机终于在冰面上慢慢地停了下来，所有的妇女和儿童首先被安置在机舱内运走了。接着飞来的几架救援机运走了其他人员，有一架P—5型飞机按规定只能载一名乘客，却载了6名乘客，其中4人挤在座舱中，俩人绑在机翼上，因为时间紧迫，不容延误。最后一批人也撤走了。历时8个月的冰上探险终于结束了。此时，冰上的裂缝越来越大，4月13日夜里，一场大风卷走了冰面营地上的所有东西。

难解的海难之谜

1934年9月8日，美国的爱司贝尔镇沸腾了，好奇的人们纷纷涌向这座无名小镇，想看一看遇难后的美国豪华客轮"莫洛·卡斯号"。搁浅在爱司贝尔镇岸边的"莫洛·卡斯号"游轮，上层建筑全部被烧毁，甲板上布满了逃难者丢下的物品，船上有烧焦的尸体。望着这悲惨的一幕，人们不禁想道："这一切是如何发生的？"时间还得回到几天前——9月5日晚6时。

在大西洋广阔的洋面上，到处黑压压的一片，一艘灯光辉煌的航轮犹如一座海上城堡，在宽阔的洋面上缓缓行驶，强大的螺旋桨搅动着海水，发出有节奏的震动声。这是旅客们满意地度过他们旅程生活的第一个夜晚。

这次航行从古巴的哈瓦那港出发，穿过佛罗里达海峡，沿美国东海岸北驶，最终到达纽约，总航程1167千米，预计要在大西洋上航行60多个小时，于9月6日上午6时进港。始建于1930年的"莫洛·卡斯号"是美国伍德邮轮公司的双烟囱班轮，是一艘非常豪华的远洋客轮，船身长155米，排水量为11500吨，航速为20节，船上工作人员为231人，一等舱旅客定员为534人。这次旅航共载客318名。

清晨，恢复了精力的旅客们陆续走出自己的房间，贪婪地呼吸着海面上清新的空气，欣赏着令人心旷神怡的海上风光。一切显得那么美妙、舒适，谁也不会想到厄运将至。

到傍晚的时候，机舱内的一个锅炉出现故障，供气能力不足，船速明显地减慢了。也许船长对这件事觉得恼火，他再也没有出过船长室。晚上9点左右，轮机长埃鲍脱经过船长室时发现门开着，他觉得很奇怪，船长一向总是关着门的，于是便进屋去看了看，发现威尔门特船长身体半裸、眼睛圆睁着躺在浴池旁，埃鲍脱忙过去喊道："老船长，老船长。"当他摸到老船长的身体时，才知道一切都晚了，老船长身体冰凉。埃鲍脱异常震惊，立即打电话通知大副和船医。

午夜，狂风呼啸，浪涛汹涌，巨浪猛烈地冲击着船体，风暴就要来临了。大副和船医在驾驶室望着狂怒的大海，心里感慨万分，在海上颠簸了30多年的老船长就这么莫名其妙地死了。大副叹了口气，说道："老船长为什么要自杀呢？""不，绝不会是自杀，我很了解威尔门特，他非常热爱生活，绝不可能做出这种傻事。"船医肯定地回答道。"那您的意思是他杀，那又是谁干的？他为什么要杀船长？"大副感到疑团重重。法医没有马上回答，过了一会，他才说道："我怀疑有人给船长放了毒。傍晚的时候有人在船长室喝过威士忌，桌子上放有两只杯子，其中一只里面还留下点液体，我已经把它收好了，明天会交给警察局的，请他们检验一下杯子里到底放了什么东西，杯子上的指纹到底是谁的。问题就出在今晚进船长室的那些人身上。"听了船医的一番话，大副佩服地说道："维特，你

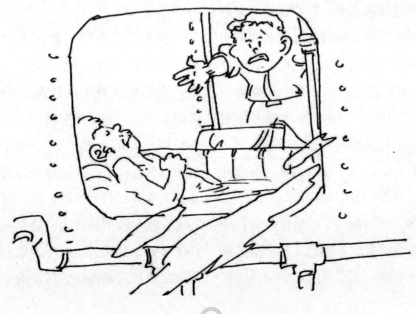

太细心了，物证一定要藏好。"这时船针指着22点50分。风暴愈发地猛烈，怒号的巨浪冲击着甲板，固定货杆的钢丝绳也给绷断了。一只救生艇从吊艇架上被摔了下来，船身剧烈地摇晃着。为了使旅客安心，大副代船长发出了保证："旅客们，虽然今晚风浪很大，但我们会保证大家的安全，绝对不会发生任何危险，请大家放心。"

凌晨3点钟，代理船长霍姆斯正全神贯注地注视着前方海面，以防发生任何不测。突然，驾驶室的门被一位值班水手推开，他慌慌张张地报告道："烟，船上有烟。""什么烟，在哪里？""甲板左舷，烟囱附近的一个小通风机那里。"霍姆斯立刻意识到情况不妙，他听到过太多的关于航轮着火的海上事故。代理船长命令二副去看看到底发生了什么事情。几分钟之后，二副在船尾图书馆附近闻到一股烧焦的味道，烟是从图书馆冒出来的。由于没有钥匙，他撬开了门，扑面的黄烟蜂拥而至，顾不了那么多了，二副用手帕捂住口鼻，冲进屋内寻找火源。烟是从一个柜子里散发出来的，柜子里的化学物品燃着了，正闪烁着蓝色的火焰。呛人的浓烟几乎使二副失去知觉，好不容易走出图书馆，他再也支持不住，昏倒在了走廊里。由于没有及时扑灭火源，当大队人马再次找到火源时，图书馆里的书柜、木质家具、地板、舱壁都已被燃着了，无情的火焰正向客厅、酒吧和饭厅蔓延，火势实在太大了。加之船员们平日缺乏应有的防火训练，在紧要关头显得有些惊慌失措，所以灭火效果显得很微弱。没有了老船长，代理船长头一次碰到这么严重的事情，有些手忙脚乱，在慌乱中忘了下令减速，邮船在高速中前行了10分钟，海风犹如风箱般鼓起了熊熊大火，整个"莫洛·卡斯号"的上空，一片火光。

霍姆斯发出了"发生火灾，全船动员"的命令，但一切已无济于事，全船处在极度的慌乱之中。女人的尖叫声、孩子的哭喊声、老人的祈求声，叫嚷声连成一片，每个人都只关心自己，没人照顾他身边的人。邮船上共有12只救生艇，每只可容纳70人，连同救生筏在内，总共可乘坐1000多人。如果组织有序，船上的每一位成员都可能得救，可是由于人们的慌乱和无序，一只救生艇上刚刚乘坐了七八个人就被放下了海，18个救生筏根本没有发挥作用。

代理船长转过身来对阿拉涅道："快发报通知公司。"因为按当时航运公司的规定，一般情况下本公司的船舶不得拍发呼救信号。离岸近的船舶遇险，先报告公司，由公司派船援救，以节省费用；离岸远的船舶遇险才可拍发呼救信号。"莫洛·卡斯号"离目的地只有50海里，依照规定是不能发呼救信号的。阿拉涅按照代理船长的指令正要向公司发报，醉醺醺的罗加手举手枪冲了进来，他威逼着阿拉涅叫道："船要开到什么地方去？你这是往哪里发报？""我正在与公司联系，这是船长的命令。"阿拉涅答道。听了阿拉涅的回答，罗加用手枪狠狠地指着他的背部，威胁道："你这个大傻瓜，都什么时候了，还向公司发报。你要活活烧死我们呀，快发呼救信号，快！"阿拉涅无法反抗，按照罗加所说的，发出了SOS，SOS……的求救信号。信号只发出3个，爆炸的声音震坏了发报机，蓄电池溶液飞溅在阿拉涅脸上，他顿时失去了知觉。罗加将阿拉涅拖到走廊里，然后溜之大吉了。

当阿拉涅再次醒来时，周围已经烟雾弥漫，什么也看不清楚了，他艰难地爬上甲板，然后被水手们拖上救生艇，这时他才发现救生艇里坐满了船员，罗加也在其中。刚放下海的救生艇被迎面而来的海浪打得脱离了邮船。

接到求援信息的附近的船只，赶到出事地点救助落难者，经过多方努力，414人获救，135人丧生，价值500万美元的"莫洛·卡斯号"被毁。

事后，为了查清失火原因，美国船舶当局于9月10日到达纽约，组织了一个专门的事故调查委员会，对船上的有关船员及得救旅客进行了盘问调查，但却没有了解火灾发生的真正原因以及老船长突然死亡的原因。20多年来，这桩案子在不断地调查探索中，却进展甚微。直到1959年1月的一天，一位美籍富翁在临死前自称是他杀死了"莫洛·卡斯号"的船长，火也是他放的。难道延续了20多年的疑案就这么简单地解决了？人们很难说清楚。

托里·坎约恩号巨大油轮遇难

"托里·坎约恩号"油轮是世界上最大的船只之一。1967年3月26日早晨，装载着12万吨原油的"托里·坎约恩号"正行驶在英吉利海峡。这艘船的船长是帕斯特伦戈·鲁贾蒂。他是一位有多年航海经验的老水手，走这条航线也不是第一次了，对他来说，主持这样一次航行应该是驾轻就熟的了，他本人也信心十足，认为这会是一次顺利而愉快的航行。

3月26日早晨，帕斯特伦戈正在船舱内酣睡——前一天晚上他一直在掌舵室值班。突然有消息从船桥传来："毕晓普礁石在正前方25英里处。"

当时，在船上值班的是大副西尔瓦诺·邦菲利亚。6时30分，他在进行例行的核定方向工作时，意外地发现他们的船只竟然偏离了航道。按照既定的航线，此时他们应该驶向锡利群岛的西方，而目前却是驶向该岛的东方。如果按照这条航道继续行驶，不久他们将要经过锡利群岛和康沃尔半岛之间的一条海峡。这条海峡十分

狭窄，只有20英里宽。虽然说在天气良好的情况下，只要小心航行，大多数船只都能够安全地通过这里。但是"托里·坎约恩号"毕竟是世界上为数不多的巨型油轮之一，它有1000英尺长，吃水50英尺，要想顺利地驶过宽20英里的海峡几乎是不可能的。

邦菲利亚也是很有经验的水手，在发现航向有误后，他当机立断，马上停止了自动驾驶，而转舵向毕晓普礁石方向驶去。按他的计划，准备让船向礁石方向航行1小时，之后再改变航向，平行地绕过那堆礁石，这样他们就不必从那狭窄的海峡经过了。

做完了这一切步骤之后，邦菲利亚打电话给船长，把事情的始末和自己的安排报告给船长。这确实是个很合理的方案，"船长一定会为我喝彩。"邦菲利亚这样对自己说。然而，船长的反应却完全出乎邦菲利亚的意料。"亲爱的，你做了一件傻事，"鲁贾蒂船长自信地说，"根本不用绕那么大个圈子。是的，根本不用。我们能很顺利地经过那个鬼地方的，我想，你应该相信我，我做船长这么多年，我熟悉这个地方。现在你要做的，只是把船再调整到原来的航

道就行了。不用担心！"邦菲利亚心里仍有怀疑，但听到船长那坚定的声音，只好执行了命令。船又恢复了自动驾驶。

给邦菲利亚下达完指示后，鲁贾蒂船长也睡意全无了。说实话，他也不能完全肯定他的决定是正确的。他决定亲自出去看看。于是，半个小时后，鲁贾蒂船长出现在船桥上。他的面色凝重，注视着船前的海水，考虑是否应该接受邦菲利亚的建议。

到8时整，"托里·坎约恩号"距离海峡只有14英里了。"邦菲利亚！"鲁贾蒂船长喊值班的大副。他命令邦菲利亚再次调整航向，准备从距锡利群岛6英里处通过。

但是，鲁贾蒂船长作出的这个决定确实是十分的草率和不明智的。他没有想到，在锡利群岛和康沃尔半岛之间，横卧着一堆险恶的礁石，人们称它为"七石礁"。千百年来，数以百计的船只在这里葬身海底。鲁贾蒂船长的这个决定把"托里·坎约恩号"推上了一条死亡之路。

9时刚过，守护在"七石礁"灯塔船上的船员惊恐地发现一艘巨型轮船直接对着有1英里宽的礁石群冲

来——它就是"托里·坎钩恩号"油轮，灯塔船立即升起警告旗，并发出了报警火示明。但更可怕的是，那个庞然大物对此却毫无反应，仍然对着礁石直冲过来。

直到最后的1分钟，鲁贾蒂船长才大梦初醒般地命令舵手拼力向左打舵。尽管舵手把舵打得飞快，但这一切都是白费力气，毫无结果，只好惊慌地向船长报告。这时，鲁贾蒂船长才突然意识到船只还处于自动驾驶状态，所以舵轮根本不起任何作用，赶忙命令把操纵开关调到手动挡，终于，船开始调头了。然而，时间已经浪费得太多了，最关键的几秒过去了，一切都已来不及了。

"轰"的一声巨响，"托里·坎约恩号"撞上了水下的波拉德礁石——"七石礁"中的第一块，这时是8点50分，这一撞的力度极大。9时，"托里·坎约恩号"船体有一半裂开，石油从23个装得满满的油舱中以每小时6000吨的流量倾入大海，方圆百里的海水遭到了空前的污染。事故发生后，为了避免造成更大的损失，各方面的有关部门迅速采取了许多措施，但却都无济于事，越来越多

的石油流入大海，水面上漂浮着一层青黑色的油污，污染越来越严重。

3月28日，是一个十分恶劣的天气，人们试图点燃油船旁漂浮的原油，但却失败了。最后，在救援专家们的建议下，鲁贾蒂船长及其助手决定放弃"托里·坎约恩号"油轮。扭曲变形的船只在巨浪的冲击下逐渐解体。

此后三天，英国皇家海军派出了海盗式战斗轰炸机将炸弹倾泻在油轮上，使之断成了三截，任务才算是完成。但是在周围的海面和海滩上，却仍有大量的石油残留在海面上。法国政府组织力量进行了大量的工作，才清除了大约5000吨石油，剩下的油膜最后不得不动用海军喷洒清洁剂，使之沉入比斯开湾的海底。这时，已是7月份了，距离事故发生已将近4个月了。

事故发生后，"托里·坎约恩号"油轮的登记国——利比里亚组成了事故调查团。最后调查团作出的结论是"船长应对事故负全部责任"，"船长没有作出正确的判断，也没有履行一位船长的职责，没有在紧急情况下采取正确的行动"。

彩虹战士号被炸风波

1985年7月10日深夜，新西兰的奥克兰港经过一天的紧张、繁忙、喧哗、吵嚷之后，渐渐恢复了宁静。当指针指向午夜零点时，突然"轰"的一声巨响，打破了奥克兰港区的宁静。绿色和平运动租用的一艘名为

"彩虹战士号"的船只被炸，一名船员、一名葡萄牙籍摄影师佩雷拉遇难。

1970年，加拿大人，美国一些环境保护方面的专家、学者以及热衷环境保护的知名人士倡议、发起、成立

了绿色和平运动组织，总部设在新西兰。"彩虹战士号"是绿色和平运动组织长期租用的活动船只，是一艘长48米、自重约449吨的平底船。

1985年7月，绿色和平运动组织准备委派一批成员到法国在南太平洋地区的核试验基地——穆鲁罗瓦岛，进行一场大规模的反对法国在这一地区进行核试验的活动。

7月10日傍晚，绿色和平运动的25名主要负责人员来到"彩虹战士号"船上召开会议，研究和部署在穆鲁罗瓦岛上将要采取的行动，并详细讨论了每一步行动的具体措施。这是一次十分机密、异常重要的会议，会议时间长达4个多钟头。临近午夜时分，会议在取得圆满成功的欢快气氛中结束。25名负责人员离船上岸，准备回驻地休息，船上的5名工作人员将他们一直送到岸上，三三两两地握手、拥抱、亲吻，互致晚安。

5名船员回到船上，简单洗漱了一下，便上床准备睡一个好觉，因为这一天实在太劳累了。就在这时，发生了本文开始时的惨烈一幕。

"彩虹战士号"被炸一事，不仅震动了奥克兰市，也惊动了新西兰全国。新西兰总理兼外交部长戴维·朗伊获悉消息后，意识到此事件非同寻常，立即召集紧急会议，有关方面重要人士参加，紧急会议作出了这样的决定：由全国警察总署抽调侦破专家协助奥克兰警察局，不惜一切代价，以最快速度缉获凶手归案。

朗伊总理亲自召集的紧急会议一结束，有关各方立刻开始行动。全国警察总署的案件专用电话响个不停，来自各方的消息、情况、线索等源源不断地汇集到这里。

新西兰警方经过多方调查，获取了4条重要线索，而每一个线索都同法国有关。8月初，朗伊总理在听取"彩虹战士号"被炸的调查情况的汇报后，决定同法国政府联系，派警员到法国去调查，决心将此事查个水落石出。

8月6日，在征得法国方面同意后，新西兰调查小组一行数人来到巴黎，围绕"彩虹战士号"爆炸案展开了全面深入的调查工作。

舆论哗然，民情沸腾，对法国政府自然也是一种压力。8月8日凌晨，密特朗总统给总理法比尤斯写信，认为"彩虹战士号"被炸案是一起恐怖活动，是令人不能容忍的"犯罪行为"。他要求法比尤斯组织专门人员，立即进行"严肃认真调查"。"罪犯不论地位如何，都要受到制裁"，最后，要将此案的处理情况公布于众，以安定民心，平息舆论。

9月17日，法国最有影响、发行量最大的报纸——《世界报》头版头条刊登该报记者就"彩虹战士号"事件调查的爆炸性新闻。该报认为：法国国外安全总局派遣的特工人员炸沉了"彩虹战士号"，国防部长埃尔尼、三军总参谋长拉卡兹可能是下达命令者，至少他们知道此事的详细经过和内幕情况。《世界报》素以态度严肃、消息可靠称誉国际新闻界，而且历来以维护政府利益著名。《世界报》发表这样的一条消息，影响之大是可想而知的。

法比尤斯总理根据总统指示，对情报机构高级人员进行调查。国防部长埃尔尼、三军总参谋长拉卡兹和总统私人参谋长索尔尼埃等均否认自己下达过炸船命令，也否认接到过这类情报，并写下书面保证。然而，两天之后埃尔尼向法比尤斯总理提出辞去国防部长职务的请求，原由是他刚刚获悉是自己的下属制造了这桩爆炸事件，而下属隐瞒了事实真相，对此他负有不可推卸的责任。

到此为止，应该说，"彩虹战士号"事件已经真相大白。

9月22日，法比尤斯总理在巴黎举行记者招待会，公开承认法国特工人员炸沉了"彩虹战士号"。随后，法、新两国就"彩虹战士号"事件经过多次不同级别的会谈，在事件发生后的一年，即1986年7月初，法、新两国达成妥善解决"彩虹战士号"事件的协议：法国向新西兰赔偿经济损失700万美元，并公开向新西兰道歉。

就这样，围绕"彩虹战士号"事件而引起的一场风波，终于平息了。

两船在黑暗中相撞

1986年9月初的一天，在黑海上发生了一起严重的船只相撞事故。在这次事故中，豪华游船"纳克西莫夫号"不幸沉没。事情发生在当日晚11时15分，当时，"纳克西莫夫号"从黑海沿岸的港口城市诺沃罗西斯克出发，刚刚驶出9海里，就发现一艘巨轮在黑暗中迎面驶来。两船的轮机手都想转舵躲开对方，但由于船速太快，两位船长的驾驶技术又过于糟糕，两船终究还是身不由己地高速撞在了一起。

"纳克西莫夫号"重仅17000吨，而对面的巨轮重达41000吨。两船相撞时，巨轮正好撞在了"纳克西莫夫号"的右舷引擎舱和锅炉房之间。立刻，"纳克西莫夫号"船壳断裂，引擎无法开动，锅炉也停止了工作。在这种情况下，船上一片混乱，乘客和水手惊慌失措，在甲板上和船舱中四处乱跑。有些人从睡梦惊醒，不知道发生了什么事。就在这时，

"纳克西莫夫号"的锅炉起火爆炸，这使得船上的人们更加慌张。人们不知如何是好，有些人跳上甲板躲避，也有些人干脆跳入了海中。跳入海中的大部分乘客还没来得及挣扎，就已经被海水淹没。

8分钟后，"纳克西莫夫号"断为两截，并开始迅速下沉。离断裂口近的一些人来不及往回跑，被断裂所产生的震动抛入水中，几乎立刻被巨大的海水吸力呛死。此时，救生艇已经装不下更多的乘客，他们要想逃生，只剩下跳水一条路。船越沉越深，绝望的人们也不得不全部跳入了水中。顷刻间，海面上充满了人们的呼喊声和惨叫声。有些人在跳水前拿到了可以漂浮的物品，靠着它们还可以勉强支持；而有些人既不懂水性，跳水时又没有拿到可以漂浮的物品，一会儿工夫就被无情的海水所吞没。

在两船相撞之后，由于巨大惯性的作用，巨轮将"纳克西莫夫号"顶出了很远。停船之后，船长立即向外发出求救信号，同时马上组织船员全力抢救"纳克西莫夫号"上的落水人员。他们先是放下了救生艇，后来几乎将船上一切可以漂浮的物品全都抛入了水中。可惜的是，这艘巨轮只是一艘普通的货轮，船员较少，抢救能力有限。而对面的"纳克西莫夫号"是一艘豪华游船，船上的乘客和水手加起来共有1234人，尽管船员们已经尽了全力，但这么多人落入水中，很难将他们全部救起。眼看落水的人们就要支持不住，海岸警卫队的快艇、拖船和直升机等救援部队及时赶到，马上展开救援行动。巨轮打开一切灯光，为救援人员提供照明。在多方的共同协作下，水中的遇难者被相继救起，其中，伤重者被运上直升机，直接送往医院。此时，诺沃罗西斯克船舶工程学院的学生们也赶到现场，他们奋不顾身跳入水中，救起了许多筋疲力尽的落水者。在这些落水者中，许多人在救援人员游到身边的时候，已经连抓住他们的力气都没有了。

因救援及时，大部分海上落水者获救。在这次海难中，116人死亡，282人失踪，获救者也大都受了伤。事后，两船船长被拘捕，原因是驾驶技术不熟练。另一方面，救援人员因在海难中的出色表现而受到了表扬。

尼米兹号航空母舰灾难

自1910年11月14日龙金·伊驾驶一架美国柯蒂斯公司制造的民航机在"伯明翰号"巡洋舰上起飞以后，美国海军便多了一个新的军种——海军航空兵。然而，美国海军航空兵的飞行事故却多得惊人，从1950年至1983年，损失50万美元以上的飞行事故就达23753起，严重的飞行事故，平均每年近百起。其中最严重的一起就是1981年5月26日发生的飞机撞击"尼米兹号"航空母舰事件。

"尼米兹号"航空母舰是美国当时最大的一艘核动力航空母舰，它由两座核反应堆为动力，推动这个长332.9米、宽76.8米、排水量为9.5万吨的大怪物。"尼米兹号"的舰身可

以抵上30层楼高，甲板有3个足球场大，全舰可载95架军用飞机，同时可发射地对空导弹。在它的生活区，拥有电影院、邮电所、百货商店和理发店等，犹如一个小型市镇，有"海上巨兽"的称谓。

可是就在1981年5月25日深夜至26日凌晨，这艘航空母舰却遭受了一次灭顶之灾。25日深夜，"尼米兹号"停留在美国佛罗里达州杰克林维尔以东70海里的大西洋海面上，它在接收模拟作战归来的机群。23时，天空忽然暗了下来，随即几道闪电划过，暴风雨要来了。

不一会儿，一架扁鼻的610EA—6B徘徊者式电子对抗机脱离机群，准备降落。飞机在史蒂夫·怀特中尉的驾驶下第一次降落没有成功，飞机擦着甲板又复飞。第二次降落，也没能对准跑道中线，并且降速大于最佳降落速度，飞机机身偏向左侧，机头右斜，此时，引降员却发出了一个错误命令，"飞机正常，挂住它。"

飞机被挂住后，从左向右，越过中线向右冲来，直撞机群，引发了一场罕见的飞机爆炸。它先是撞上了3架F—14战斗机，这3架战斗机各载

有一枚麻雀导弹，一枚响尾蛇导弹和一枚不死鸟导弹，3枚导弹相继爆炸，随即，它又撞上了一架刚加过油的飞机，一时间，大火吞噬了整个甲板。610号飞机上的驾驶员和另外两名军官还没有来得及启动救急弹射装置，就葬身在烈火熊熊的飞机中。

此时，航空母舰上还有6枚导弹尚未爆炸，情况十分危急。等消防队员赶到时，大火已冲破4000平方英尺的范围，向四面八方蔓延。训练有素的消防队员临危不乱，很快控制了外面的火势，可是里面的6枚尚未爆炸的导弹，使队员们无法进到里面救火。这时，传令兵传来"进入"的命令，消防队员和官兵则不顾一切地冲了进去。

他们刚刚扑灭大火，一枚麻雀导弹经不住烈焰的烘烤，在一架飞机残骸里爆炸了，炸死炸伤不少官兵。消防队员马上调来盐水冷却其余的5枚导弹。经过数小时的冷却，导弹爆炸的危险终于解除。

26日清晨，4架飞机残骸及一枚被烧焦的不死鸟导弹被推进了大海。

这次飞机撞击航空母舰事件，共有14人丧生，42人被烧伤或被炸伤，

4架飞机完全被毁，7架飞机毁伤严重，仅飞机一项就损失5345万美元，其他产品、设备损失总计448万美元，这对美国海军来说是一个惨重的打击。

事故发生后，美国海军部对此事进行了细致的调查。几个月后，结果公布于世：驾驶员史蒂夫·怀特中尉严重违反条令，在飞行中服用抗组胺药物，导致其生理功能紊乱，丧失处理紧急情况能力。但他已在大火中丧生，免予起诉。另外，6名甲板工作人员在近期内曾吸食大麻，导致引降不利，这6人也均已死亡。

再者，"尼米兹号"还存在着自身的故障，连续闪光灯由于长期维修不力，部分熄灭，使怀特中尉无法对准中线。更可笑的是，现场指挥人员的对讲系统失灵，耳机无声，根本接收不到指令。再加上舰上的18个消防泵中有6个失灵，大大影响了灭火速度。

更令人气愤的是，舰上的指挥系统发生严重故障，传达不出命令。经过了此次灾难以后，美国海军对"尼米兹号"进行了一系列改进措施，以防再次发生不测。

大海旋风袭击东巴基斯坦

1960年10月，20天内，面临孟加拉湾的东巴基斯坦两次遭到旋风的袭击。

这一地区的土著居民以渔民和农民为主。印度洋丰富的渔业资源使得渔民一年大部分时间都可出海捕捞。另一方面，作为恒河平原的一部分，其灌溉农业也很发达，恒河丰富的水源提供了农业丰收的保障。同时，随着现代航运事业的开拓，吉大港等港口日渐繁荣，每天进出港的货物很

多，城市建设有了很大改善，商业贸易也兴旺起来。因此，如果不是旋风的袭击，这一地区可以说是富足的。历史上这里就曾多次遭受风暴的袭击，造成强度不一的损害，1960年10月的两次旋风则造成了惨重的损失。

10月10日，来自孟加拉湾的旋风以110千米的时速迅速向东巴基斯坦推进。当时，几乎是在人们尚未察觉的情况下，旋风即抵达近海，并将来不及躲避的在那里作业的几百条渔船倾覆。狂风卷起巨浪，风暴急剧地旋转，如利爪一样攫起渔船，一下子把船抛在空中。跌下来的渔船不是头朝下没入水中，便是被波浪刺穿底部，散裂开来。许多船就这样在滔天的波浪中颠来倒去，被风暴

吹折桅杆和船帆，直到破碎或沉没，船上的渔民没有几个能逃脱厄运。

旋风不满足仅仅在海上肆虐，它呼啸着向港口和陆地扑去。吉大港等地先后遭受袭击。在吉大港，旋风冲进深水港里，左冲右突寻找薄弱的环节。一些船只的桅杆被轻易地折断，小型船只则被力量极大的海浪凿沉。大小船只在风浪中拥挤碰撞，损坏颇多。一些船只为巨大的风浪所推挤，搁浅在陆地上。港口的房屋80%被摧毁，许多建筑倒塌，一些高大建筑被狂风拦腰斩为两段，低矮的房屋往往先被风暴掀起屋顶，再淹没在随之而来的海水中。人们哭喊着、奔跑着寻求安全场所，但只是徒劳无益地挣扎。失去保护的人们试图抓住一些坚固的东西来抗拒狂风，但在勉强地躲过狂风后又被随之而来的海浪残忍地扑倒、击昏，在劫难逃。到处混乱不堪，旋风肆力极大，中心区卷起了许多东西。

风暴继续向陆上推进。离海岸较近的田野一片狼藉，旋风连根拔起了禾苗，海水侵蚀了土地。风暴在抵达恒河时也丝毫未减弱势头，它狂暴地横扫恒河两岸，像挥舞着铁臂的巨人把那些岛屿扫平。在蒙吉尔附近的恒河河岸也没能幸免，在风暴中倒塌并砸翻了一条大型渡船。船上百人中仅7人幸存，葬身河底的人有一大半尸骨无存。

许多地方在风暴和洪水洗劫之后都是一幅惨不忍睹的景象。在勒克瑙市，街道的洪水深达3.6米，水面飘浮着杂物与尸体，幸存者趴在摇摇欲坠的楼房上呼天喊地。在科克斯巴，许多居民无家可归。在诺阿克，也有80%的房屋倒塌，人员伤亡众多。

最终，这次旋风中仅人员死亡即达4000余人，受伤者不计其数。然而，人们并未预料到这远不是最终的统计结果，因为仅半个月之后，在31日那天，惊魂未定的他们即遭受到又一次更猛烈的旋风袭击。旋风再次重创这一地区，并变本加厉地造成更为巨大的损失。

这次旋风的袭击方式与上次如出一辙，但风速更快，高达每小时190千米，引起的海啸更强烈，危害也大得多。狂风在海上卷起几十米高的巨浪，疯狂地扑向海岸，把上次冲击后残存下来的防波堤彻底冲垮，直到荡然无存。海水肆无忌惮地直冲上陆地，把桑田变成沧海，良园化为泽国。村庄里，上次劫难的幸存者刚刚安葬完死者，擦干眼泪准备重建家园，看到风暴再次降临，几乎麻木了、绝望了。

海啸使近海的海平面上涨了许多，淹没了一些岛屿。库图普提亚岛的海水深达3米，持续4小时，居民逃生无门。而在陆地上的广大地区，洪水淹没了无数个村庄，不仅吞噬了一些居民的生命，还淹死了成千上万头牲畜。洪水退后，几乎到处都是人畜的尸体，散发着难闻的恶臭。农作物经过第二次洗劫，大面积绝收。

第二次旋风使1万人死于非命，数以十万计的人受伤或感染疾病。洪水淹死15万头牲畜，毁坏90万间房屋，使活着的大量居民无家可归。两次旋风成了东巴基斯坦人心灵上永远的创痛，一些幸存者痛苦地离开了这伤心之地，远走他乡。

1963年5月25日上午，强烈的旋风又袭击了这一地区，从其造成的严重后果看，可以说这是一场"死亡风暴"。

人们在风暴中挣扎。家园破碎了，亲人失散了，声嘶力竭的呼喊被风浪淹没。有人抱住大树，就同大树一起被吹到空中翻滚；有人被卷进涡旋，随着涡旋漂移；有人死在倒塌的房屋下；有人被海浪吞没。吉大港成了暴风杀人的场所。劫后的港口一片狼藉，泥水中到处是人的尸体，惨不忍睹，繁荣的海港像地狱一样可怕，死亡人数高达5000。

和吉大港损失几乎相当的是科克斯巴扎。该城房屋被毁一半以上，街道水深数尺，暴风和洪水夺去了5000多人的生命。

从25日到29日，旋风先后袭击了东巴基斯坦沿海286千米的地段。沿海有上千条渔船被毁，100万个家庭被扫平。有的整个村庄被刮到海里。在风暴和海浪过后，沿海的许多岛屿已空无一人，满目疮痍。海水侵蚀过的土地多年后仍无法耕种。经历过这次悲惨劫难的幸存者们诅咒着灾难流徙他乡。从破坏程度上说，这次旋风是1960年袭击东巴基斯坦旋风的20倍，共造成2.2万人死亡，受伤者不计其数，物质损失也相当巨大。

水下蒙难的绿宝石号

1994年3月30日清晨，法国海军"绿宝石号"攻击型核潜艇在法国南部土伦港至科西嘉之间的地中海海域内潜航时，后舱涡轮发电机室突然发生剧烈爆炸，正在舱内作业的艇长和9名官兵当场丧生，这是近年来法国核潜艇上发生死亡人数最多的一起重大事故。

据有关专家调查得出的初步结果表明，发生这次重大爆炸事故的原因，是由于该潜艇的后舱涡轮交流发电机组的供热系统发生故障，有可能是因为蒸气循环系统加热过快引起的。法国海军参谋部发言人认为，潜艇发电机室爆炸是因为艇尾部两台蒸气冷却器中的一台失灵，致使高压蒸气浸入涡轮发电机组。

"绿宝石号"核潜艇是法国"红宝石"级攻击型核潜艇的第4艘，同级共有6艘。这级艇是法国继发展了第一代弹道导弹核潜艇之后又发展的第一型攻击型核潜艇。它不仅充分吸收了法国发展弹道导弹核潜艇的经验教训，而且集法国造船、核能、武器、电子等诸多行业技术之精华，是法国现代科技发展的结晶，具有非常独特的性能。

"红宝石"级核潜艇长72.1米，宽7.6米，吃水6.4米，标准排水量为2385吨，水下排水量2670吨。它是目前世界上最小的实战用攻击型核潜艇。其水上航速为20节，水下航速为25节，下潜深度300米以上，自持力45天。

该级艇在设计上与"阿戈斯塔"级常规潜艇较为相似。艇体大部分采用了单壳体结构，仅首尾两端为双壳体。上层建筑同以往的法国潜艇基本相似，指挥台围壳处安装了升降装置。艇内共分为5个舱，最前面的I轮为鱼雷舱，安装有4具鱼雷发射管。紧随其后的II舱为3层，上层为中央指挥部位，中层为住舱，下层布置有蓄电池等。Ⅲ舱为核动力舱。Ⅳ舱布置涡轮发电机及其他设备。最后面的V舱有核动力装置的控制室、辅助设备、主推进器和应急电机等。此次爆炸事故就发生在Ⅳ舱。

"红宝石"级核潜艇最为独特之处是其动力和系统。它采用蒸气发生器—涡轮发电机—主电机—推进轴电力推进方式。在核动力装置上，选用一座自然循环半一体化CAP型压水堆，即将蒸发器坐到反应堆的顶上，主泵位于压力壳的两侧，使反应堆的压力壳、蒸气发生器和主泵形成了一个统一的整体，取消一回路管道，采用自然循环压水堆。这不仅使核动力装置具有结构紧凑、系统简单、体积小、重量轻、便于安装调试、可提高轴功率等一系列优点，而且由于采用自然循环冷却方式，自然循环能力高达39%，因此在中低速航行时可不用主泵，这有效地降低了潜艇的辐射噪音，且更加安全可靠。在主机选择上，该级艇一改其他国家核潜艇采用蒸气轮机的做法，而选用了一台主推进电机，从而取消了采用蒸气轮机所必备的齿轮减速装置，消除了潜艇

上最大的机械噪声源。此外，通过将核动力装置安装在一个整体式的减振座上，又进一步达到了减振和消音的效果。

"红宝石"级艇的武器配备也较强。在艇首设有4具鱼雷发射管，可携载、发射法国海军最新型的F17线导鱼雷和L5型多用途自导鱼雷。鱼雷可在潜艇整个下潜深度范围内发射，且发射管再装填速度很快，可在短时间内对多个目标实施连续打击。同时，这4具鱼雷发射管还可发射"飞鱼"SM—39潜舰导弹。导弹可由水下隐蔽发射，而后掠海飞行，对敌舰实施突然袭击。该型导弹射程约为50千米，战斗部装药165千克，是目前世界上较为先进的反舰导弹之一。潜艇内总共可装载18枚导弹或鱼雷。一旦需执行布雷任务时，还可换载32枚各种水雷。

该级潜艇还装备有先进的声呐和火控系统。艇上的DSUV—22型综合声呐可用于远程被动搜索、警戒，引导主动攻击声呐和被动测距声呐工作，以对目标进行精确定位，并具有多目标跟踪能力。沿艇体两侧安装的DUUX—5型被动测距声呐可实现全

景搜索，能同时对3个辐射噪声源进行方位距离测定和目标跟踪，并能对敌舰主动声呐信号和鱼雷自导头声呐脉冲信号进行侦察，测定其频率、方位、距离。DUUA—2A／B型综合声呐站可在远程被动警戒声呐的引导下，以主动方式精确测定目标位置，并可进行被动听测、侦察、水下通信等。通过各种探测设备获得的信息被送至火控系统进行分析处理，在屏幕上显示出目标位置和战术态势，作出威胁判断，指定攻击目标，选择合适武器，完成武器发射。

虽然"红宝石"级攻击型核潜艇服役后曾多次进行了远航和环球航行，并取得了令人满意的航行效果，证明其具有较好的安全可靠性，但近年来却事故频繁。1993年8月，该级首制艇"红宝石号"在土伦附近海域巡逻时，与一艘油船相撞。潜艇虽然没有重大损伤，但将油船撞开了一条5米长的裂缝，导致200万立升原油泄漏到海面上，造成的损失估计达3000万到4000万法郎。1994年3月，同级另一艘"紫石英号"在费拉角附近海域进行训练时撞到海底，造成潜艇底舱与首部声呐系统损坏，不得不浮出水面。

这次发生的爆炸事故，不仅造成了人员的伤亡，而且事故涉及核动力装置部分，其损失和性质已远比前两次事故更为严重。这使人们不得不对核反应堆的安全系统产生怀疑，而且将再次引起核武器、核试验和核反应堆的争论。

爱沙尼亚号沉船惨案

1994年9月28日，瑞典"爱沙尼亚号"客轮沉入波罗的海，800多名牺牲者葬身海底。事后，有关当局在沉船内发现大量海洛因。

"爱沙尼亚号"船往来于瑞典与爱沙尼亚之间，这是几年来俄罗斯黑手党贩运毒品到欧洲的一条走私干线。当这条船9月28日起航以后，俄黑手党忽然发觉，瑞典当局已从线人那里得到该船载有毒品的情报，黑手党联系人尤里奇立即通过秘密电话通知船上的同谋即瑞典船长安德烈逊，让其将物证销毁。不久，安德烈逊又获尤里奇通知，要他把船上两部藏有原子能重要材料的卡车沉入大海。安氏回答：如果将两部卡车停在船首，在暴风雨天气下，打开船首车舱闸门是很危险的。但是，尤氏说：不照办就杀死安氏！

当天晚上，在停车船舱上、下层睡觉的旅客被惊醒，舱内传来汽车发动机声、锁链声和开闸声。据几个幸存者回忆：那声音虽然把人惊醒，但无一人出去看发生了什么事。其中一位出于好奇，趴在船舱窗户上向外望，但也只是看到了船上一般不用的探照灯忽然打开，同时听到了大海的呼啸声中夹杂着的闸门断裂声。

与此同时，在东海航行的几艘船接到该船SOS呼救信号，但这信号不是船长发出来的。据分析：船长此时正在为了销毁黑货，亲自去船舱处理。忽然大风巨浪侵入，舱内车辆失去平衡，滑向船舱一侧，造成船体倾斜，一场船翻人亡的悲剧已经无法避免。船员们马上发出了SOS信号。

人们想知道的是，黑手党是从哪里得到消息的？原来是新克格勃成员、塔林港缉查警员克里斯塔波维奇在值班时，截听到毒贩们的电话，之后他向瑞典当局做了汇报。汇报过程中，被黑手党发觉。3周后，他被人谋杀。

1995年2月，负责调查此案的海洋律师豪尔塔波斯收到一封告密信，信是爱沙尼亚一名军官写的，他在信中说：原籍是爱沙尼亚的埃森尔少校于1993年在美军退役，他参加过越南战争，有丰富的战争经验。由此，爱沙尼亚委任他为军队总司令，直到去年，他因涉嫌非法军火买卖而退了下来。信中说，埃森尔少校就是这起走私海洛因的背后牵线人。

不过，豪尔塔斯至今还没有拿到足够的证据控告他，但是一些杂志已把此事公布了出去，并配有埃森尔的照片。

可是没有多久，瑞典政府决定在

波罗的海海底为800多名牺牲者举行海葬。海葬方式就是向船骸浇灌沙石及混凝土，计划在年底完成，计划用款4000万美元。这对于目前经济状况不佳的瑞典财政来说有些捉襟见肘，但政府还是说：这是为了让葬身于船腹的800多个牺牲者安静长眠，更为了防止有人在海底行窃。

此事一公布，立即又成为欧洲舆论界的一个热门话题。首先是死者家属的反对，其次是各界人士的怀疑。因为现今还没有查出沉船的真相，为何如此匆匆地进行海葬？

据德《明镜周报》杂志揭露："爱沙尼亚号"的沉没与俄罗斯黑手党以及瑞典的一些人物有关。海底葬礼很可能把这场战后最巨大的沉船惨剧的幕后真相永远埋葬，是不是瑞典当局不希望人们再追究！

很快，瑞典就利用远距离操纵机器把5000公升石油从沉船中抽出。如此仓促的行动更引起了人们的怀疑……

哈利法克斯海域大爆炸

第一次世界大战期间，远离欧洲战场的加拿大也莫名其妙地燃起了战争的硝烟。这是一次意外事故，而实际上造成这场灾难的罪魁祸首也是这场该死的战争，是源于一批途径欧洲战场的高能爆炸物在途中爆炸。爆炸是一艘名叫"伊莫号"的挪威船引起的，这艘船在一战期间被比利时政府租用。

1917年12月6日，"伊莫号"起锚驶往欧洲，满载着游客在加拿大海域行驶。上午8时40分，它已匀速驶

进哈利法克斯和贝尔福德之间的海峡。这时，迎面有条船开来，这是从纽约开来的"勃朗峰号"货轮，上面装运着数千吨运往欧洲战场的烈性爆炸物：前舱装着易燃性化学制品，中舱还装着数十桶汽油，后舱是3000余吨的梯恩梯炸药，这是一枚航行的"巨型炸弹"。两艘船从相反的方向缓慢靠近，双方都开始鸣笛示意。

两船相遇，在航行中原本是很正常的事情。奇怪的是，"勃朗峰号"引水员突然发现情况不妙："伊莫号"莫名其妙地偏离了航向，与自己的船走到同一条线上来了。"伊莫号"借着惯性像头笨重的大象"吱吱嘎嘎"地撞了过来，它的船头居然把"勃朗峰号"的右舷扯开了一个大口子，很快，汽油从倒地的桶中溢出，流进了装有化学制品和火捻的船舱，立时引起了熊熊大火。

"勃朗峰号"船长明白这意味着什么，要想扑灭烈火根本不可能。他率领水手纷纷跳上救生艇，疯狂地向岸边划去。靠岸后，船员们手抱着头，一路号叫着钻进附近森林。

这艘危机四伏的"勃朗峰号"在被撞后的17分钟，终于发生了一场惨绝人寰的大爆炸。这是历史上最严重的爆炸事件之一。巨大的爆炸声甚至在60英里以外的特鲁罗都能听到。海港城市哈利法克斯的一半几乎被夷为平地，房屋、人、牲畜在猛烈的震动中被气浪抛向天空。"伊莫号"在相撞后冲向对面的达特茅斯海岸，在爆炸的强大冲击波作用下从水中掀起又落下。船上的不少货物和船员都被抛向空中，在两英里之外才纷纷坠地。海峡两岸的里士满和达特茅斯有500多名学生正在教室上课，结果只有10个人幸运地活下来，其余全部被砸死在倒塌的教室里。

在里士满一座古老而华丽的王后饭店。人们正在大厅里饮茶小憩，爆炸的剧烈震动把他们从椅子上掀到半空。饭店里的一些职员歇斯底里地大叫："德国飞船！德国飞船！"几个月来，他们一直担心德国可能会横跨大西洋进行空袭。没有想到等来的是这样一次莫名的灾难。

整个哈利法克斯像被轰炸过一样，许多房屋都变成了瓦砾堆。市民有的丧生于瓦砾堆中，有的被炸得血肉横飞，城里的历史名胜毁坏殆尽。用花岗石建成的气势雄伟的多来尼大厦连同它那价值连城的印第安艺术宝藏一起在爆炸声中化为灰烬，随风飘去。有100年历史的省府大楼，雕梁画栋的大戏院，庄严肃穆的古老教堂等一座座精美的古典建筑都毁于一旦。

爆炸之后，海峡两岸都引起了熊熊大火，往日和煦的海风此时似乎也变得凶残起来。猖獗的大火使哈利法克斯丧失了自卫能力，浓浓的黑烟弥漫在整个城市的上空，数英里以外都能看得见。

大爆炸使得成千上万的人流离失所，无家可归。哈利法克斯其他几个未遭劫难街区的饭店和旅馆纷纷打开门，为横空遭难的市民提供免费食品，几家药店也都来帮助近万名受伤的居民。一夜之间，哈利法克斯成了一座互助互爱的"同志之城"。人类的友爱拂去了灾民心中的绝望和痛苦，为他们点燃了重建家园的希望之火。

格兰开普号的火灾

1947年4月16~18日，美国南部的加尔维斯敦海湾先后发生一起轮船爆炸事件，港口城市德克萨斯陷入一片火海之中。

德克萨斯市是繁荣兴旺的港口，也是美国重要的炼油中心。这个城市的发展得益于战争赐予的良机，因此称"机会之港"。一些大型的苯乙烯工厂都在港口建立。轮船停泊在加尔维斯敦海港，以黑人和墨西哥人为主的廉价劳动力没完没了地装货卸货。平坦潮湿的海岸上，密密麻麻地堆放着一排排油桶和其他物资。整个码头是一派忙碌紧张、充满生机的景象。

4月12日，一艘万吨巨轮驶向这个港口，这艘船的名字叫"格兰开普"，它正准备到这里装满货物后再离开，货物是合成橡胶和化肥，要运

往遭受战火蹂躏的法国。

16日上午8点，船上的一位木工在四号船舱口闻到一股烟火味，发现是装化肥的口袋着火了。这个无知的船员喊来几个人，浇了几桶水试图把火扑灭，没想到这样反而使火苗更大了。又拿来灭火器干了一阵儿，仍旧毫无效果，火势越来越大。这时船长赶到了，他大声喊道："别用水浇！那样会把货物毁掉的，大家上来，打开蒸气。"这是轮船上标准的灭火方法，已经使用数十年了。但这一回不仅没有把火扑灭，反而加快了灾难的到来。原因很简单，这批化肥的主要成分是硝铵，而硝铵又是炸药的主要成分，它的临界分解点是华氏350度。大量水蒸气进入货舱，很快就使温度上升到华氏350度以上，大爆炸已经是不可避免了。

船上先是引起一场大火，黑烟翻腾着弥漫在"格兰开普号"上空。码头上数百名公务人员、装卸工人和过往的行人并不知道爆炸的危险，若无其事地在一旁围观。一些摄影师还尽力挤到前面去拍照。

船长看到火势已失去控制，再加上船上满满的危险品，只好立即率领

船员从船上撤到岸上。德克萨斯市的消防队员赶来救火，然而直到上午9时，消防工作取得的进展微乎其微。

午后，北美大陆响起一阵惊天动地的爆炸声，"格兰开普号"瞬间化为乌有。船长连同32名船员被炸得血肉横飞，码头上围观的227人无一幸免。这次爆炸其实早就被纽约安全部负责人詹姆斯·加文言中。36小时以前，在纽约一次全国海员工会会议上，他就谈到他"对得克萨斯港的安全工作很有兴趣，那里没有什么安全防范措施，整个港口简直就像准备迎接大爆炸似的"。爆炸的巨大威力是今天人们无法想象的，它的爆炸声传到了160英里以外，德克萨斯所有商户玻璃都被炸碎。"格兰开普号"的残片被炸上天空高达3英里。船上重达1吨的推进器被炸飞到1.3万英尺以外处插入地下6英尺深。德克萨斯市临海的20个街区和不临海的10个街区顷刻间化为废墟。甚至连1000英尺高空盘旋的两架飞机也被炸毁，机上4名人员坠落地上，当即丧命。后来有人说这次爆炸像巨型炸弹，也有人说像原子弹。

当时，海岸边上堆放的油桶全

部爆炸，一柱柱火焰冲天而起。德克萨斯的600多辆汽车被炸成一堆堆废铁，城里的3300多所住宅被炸成一片瓦砾。随着爆炸声四处响起，一块100磅重的铁片凌空飞过，穿透一辆正在行使的汽车的挡风玻璃，把车内一对夫妇的头颅齐刷刷地砍掉。

港口两英里内烈焰冲天，许多人惊恐地往海里的一条渡船上挤。到处是一片混乱，尸体遍野。

到了中午，德克萨斯市到处都在燃烧，浓烟滚滚，烈焰冲天，整个城市处于一片火海之中。市政大厅已成了临时医院，红十字会的医生和护士接来成百上千的伤员。救护人员忙得不可开交。一位护士事后叙述当时的情景："转眼之间伤亡人员塞满大厅，救护车、公共汽车、小汽车、担架像潮水一样涌来，送来无数伤员和尸体。人群和车辆塞满了市政大厅前的道路，外面的人怎么也挤不进来。"

夜幕降临了，在德克萨斯破烂不堪的大街上，国民警卫队队员在四处巡逻，防止有人趁机抢劫。乘飞机赶来的陆军士兵正从飞机上卸下毛毯、血浆及其他救援物资。杜鲁门总统下令政府所有部门都全力救助德克萨斯市。从外地赶来的消防队员连夜修复了自来水系统。拂晓时，大火终于被扑灭了。幸存者和救援人员以为可以摆脱恐怖，松弛一下自己的神经，但谁也没有想到，大灾难仅仅过去了一半。这天早晨，港口上的"哈福莱尔号"又突然爆炸，旁边的"肯尼号"也难逃此劫。几分钟后，这两艘船一齐变为废铁。灾难重重，德克萨斯成了一片荒凉的废墟，市政厅的楼梯上已沾满伤亡人员的血迹。

这次特大灾难造成552人死亡，3000人伤残，200人失踪，城市三分之一的建筑被毁，损失超过1亿美元。而当时引燃这场大火的化肥只值500美元。

诺克·波因特角撞船事件

英国"皇后号"客轮长167米，宽20米，排水量20000吨，蒸汽机功率为18500马力，有5层甲板，可容纳2000人。船中有舒适的卧舱、宽敞的客厅，还有供娱乐用的板球场、沙坑等。

1914年5月29日凌晨1点15分，这座浮动的"城市"正在加拿大的圣劳

伦斯湾里航行。它载着将近1500人，其中有400名船员，1057名乘客。

凌晨2点左右，从魁北克方向飘来了阵阵淡雾，能见度逐渐变差，船速随之减慢。当轮船驶近距法吉尔角7海里的诺克·波因特角时，能见度更差了，就连浅滩区的灯标都难以分辨。总领航员急忙派人去找船长。

船长一走进领航舱，从前桅就传来了阵阵钟声，船首哨兵高声喊叫起来："船首右侧罗经1.5度处发现轮船桅杆灯！"船长拿起夜间望远镜，看到两船间的距离为6海里，便命令轮船航向向左侧偏26度。他以为，这样迎面驶来的轮船就会在他左侧罗经3度~4度处驶过。

船越驶越近，雾也越来越浓了。当两船相距不到2海里时，原来还勉强可辨的海面已变成了白茫茫一片。为了避免发生意外，船长下令全速后退，并拉响了汽笛，三声短促的汽笛在海面上空回荡。几秒钟后，从雾海中传来了一阵长长的汽笛声，那是对面那艘货轮发出的回音。这艘货轮是挪威的"斯多尔恩塔德号"，它正装着11000吨煤驶向法吉尔角。

这时"皇后号"船长已命令停止后退，并拉响了长长的一声汽笛，以此告诉对方他的船已转向右舵。两分钟后，他吃惊地发现，一艘有红色及绿色灯火的巨轮从浓雾中向他扑来，两船之间的距离不到100米，他急忙把船舵转向左舷，并命令提高船速。但是已经来不及了。只听轰隆一声巨响，挪威货船已撞上"皇后号"，只见撞击处迸发出一道道耀眼的火花，接着又传来一声声刺耳的金属摩擦声，站立在船舷旁的几名水手顷刻间便被活活挤死，鲜血染红了甲板。这一击，使挪威船的煤舱及"皇后号"的乙等舱遭到严重的破坏。

两艘巨轮相撞后，"皇后号"船长抓起话筒，朝"斯多尔恩塔德号"高声喊叫："不要后退，继续向前行驶！"他知道，这致命的一击在"皇后号"上已留下了巨大的创伤，挪威船一旦把船头从中抽出，海水就会汹涌而来，一下子把"皇后号"灌满。但是，挪威船长的回答却是令人失望的："我船正在后退！我已毫无办法。"

挪威船的船头从窟窿中慢慢拔了出来。随着尖锐刺耳的轧轧声，两艘船终于分离了。"皇后号"失去了控制，在急流的冲击下漂离出事位置半海里。船上的窟窿面积约30多平方米，每秒钟约有30立方米海水进入舱内，成千吨的海水在"皇后号"内咆哮、回旋着，船体开始倾斜。

船内乱成一团，被惊醒了的乘客在四处乱跑着。船长却非常镇定。他立即发出命令："全体船员上甲板！全部上甲板！不得惊慌！保持镇静！"接着他发出了一个个具体的指示。他命令船员们抓紧时间，把旅客全部唤醒，如果卧舱的门还没有打开，就立即砸开。因为汹涌的海水已经淹没了整个机舱，船长不得不下达了准备弃船的命令，并且指示报务室马上拍发"SOS"求救信号，然后他亲自奔到安放救生艇的甲板上和船员们一起放下了6艘救生艇。

船上的情况十分糟糕。上船仅一天的旅客对船上的情况根本不熟悉，在混乱中无法找到通往上甲板的走廊，不少人还没有醒来就惨死了。有些人在黑暗中被活活踩死。

"皇后号"在水中倾斜得愈来愈厉害，当轮船上的烟囱没入水中时，锅炉突然爆炸了。数十名司炉工立即被高温蒸气烫死。许多碎块被抛入空中，一块巨大的铁板落下时，恰巧击中了一艘载有50名逃生者的小艇，许多人就在这次爆炸中丧生。"尤列卡号"及"列季·埃维林号"在轮船沉没后15分钟才驶抵遇难水面。救生艇把船长和报务员救了起来。由于当时水温只有5℃左右，许多人没有等到救援就悲惨地死去了。

这场灾难造成了十分惨重的损失。据统计，船上1477人中，只有465人获救，其他1012人全部死亡。

衣阿华号战列舰大爆炸

　　1989年4月19日，美国"衣阿华号"战列舰正在波多黎各东北方向330英里左右的大西洋海面上，执行军事演习的任务。10时左右，一颗660磅重的炸弹突然在2号炮塔的中心炮筒内爆炸。瞬间，2号炮塔被炸毁，47名水兵当即被炸死，1000多人受伤。

　　"衣阿华号"战列舰在美国海军战舰中服役时间最长的一艘，它建造于第二次世界大战中，与新泽西号、密苏里号等船同期建造，1943年正式编入美国海军服役。"衣阿华号"排水量为5.8万吨，舰身长270.4英尺。1984年，经过全面检修后再次服役，并增加了装备，其中包括"战斧"巡

航导弹和9座6英寸口径的大炮，成为当时世界上火力最强的军舰之一。此次航行，舰上共装有2700发炮弹。

2号炮塔在爆炸前，已准备进行发射演习。当左炮、右炮都准备好之后，却不见中心炮的报告，军官马拉希立刻拿起话筒询问情况，士兵营伦斯大喊大叫地回答："我这里有问题，我还没有完全准备好……"话音刚落，就听见"轰"的一声，一枚巨型炸弹在中心炮筒内爆炸了。70多名水兵被困在四面都是铁壁的炮塔内，炮塔内到处都是大火和浓烟，水兵们毫无退却之路。

战舰上的炮壳和装火药的口袋都是分开放的，加上它一系列复杂的弹药供给程序，最终没有使爆炸扩大。2小时后，炮塔内的大火终于被扑灭了，可是还是有1517人被炸伤和烧伤。

事故发生后，"衣阿华号"战舰的神秘爆炸引起了各方面的重视。"衣阿华号"战舰上有3座炮塔，炮塔的墙壁都是用17英寸的钢板制成，整体是圆柱形，高度相当于7层楼。第二次世界大战中，3号炮塔曾受到日本战舰5英寸口径炮弹的攻击，但塔内仍然平安无事。此次爆炸的原因又是什么？

海军当局立即任命以海军少将米利根为调查小组组长，于第二天登上战舰调查。在调查时，遇到的第一个困难就是，目击者已全部死亡。其次，有重要调查价值的残渣余灰也一并冲入海底，现场被破坏得相当严重。人们只有用分析来猜测它爆炸的原因。

五角大楼的一些官员认为，可能是由于炮塔上中间那门16英寸口径的大炮爆炸引起的，大火是沿着电梯口上升到炮塔甲板的。还有人提出，2号炮塔有一些设备没有安装，存在机械问题。还有人猜疑是火药出了问题而导致爆炸。

不久，调查组的2名成员来到死者之一的哈特维希家中，在他的卧室中检查遗物时发现了重要线索。他自己制作了一个剪贴簿，上面全是世界各国海军史的事故，并在他的记录上有一长串水兵同事的名单。随即，以他为中心展开了调查。

水兵史密斯提供了一个令人震惊的消息，哈特维希是个同性恋者，在出事的前一天晚上，他提出要和史密斯再玩一次，当时被史密斯拒绝了。他同时还不止一次地对史密斯说过，他做成了一个电子起爆的炸药管。果然，调查人员在哈特维希的衣柜里找到了一个定时器。

随即，一些专家搞了一次模拟爆炸试验，爆炸残渣与船上的一样。最终，调查团确认，爆炸系哈特维希所为。并于9月7日公布了报告：全文66页，物证284件，各类证明230件。此次调查共4个多月，进行试验2万次，采访38次，共耗400万美元。

可是不久，就有不少人对这一推测提出质疑。

哈佛大学精神病学助教、自杀研究所主任雅各布斯指出：哈特维希案中没有任何自杀与精神分裂迹象。心理学家埃伯特也认为，证明哈特维希爆炸证据不足，他的理由是，在出事前几天，哈特维希还给他的女友写信，信中充满对生活的赞美。

一些幸存的水兵也对此事迷惑不解，他们根本不相信哈特维希会在4双眼睛的监视下放进引爆物，他们认为是推弹杆失灵所致。并说，将事故推到一个死去的士兵身上，这是为了掩盖军舰本身的失误，用来挽救海军声誉。赞同这一观点的还包括一些国会议员，权威人士和各类专家。

从这一年开始，美国海军又先后发生了3次类似的自发爆炸。一些专家在调查、分析之后提出：军舰自身的武器发射系统存在着严重的问题，而非人为所致。

但是，"衣华阿号"的神秘爆炸依然是个谜，越来越多的人不相信是哈特维希引爆的。

1942年，英国轮船"斯坦金堡垒号"在加拿大建成，长140米，宽19米，排水量7000吨。船上配备了两门大炮，几挺机枪，以防止德国飞机的袭击。

英国斯坦金堡垒号爆炸

1942年2月24日，"斯坦金堡垒号"满载着货物，离开了英国伯肯里德港，顺利避开了德国潜艇，于3月30日到达卡拉奇。它在那里卸下了几架飞机和一批弹药，又装上了8700包棉花、橡胶和硫黄等货物，还有155块金锭，启程向孟买驶去。4月12日，它到达了孟买，停泊在维克多利娅船坞的一号码头。

港务局主任答应船长布兰克第二天卸货。谁知第二天并没有人来卸货，直到第三天上午，才有一队码头工人来到"斯坦金堡垒号"的甲板上。他们从2号舱卸下TNT、军火和放在易爆物下面的棉花。到下午2点，2号舱内还有不少梯恩梯，4号舱内还有1370吨弹药。

突然，一个工人看见缕缕青烟从

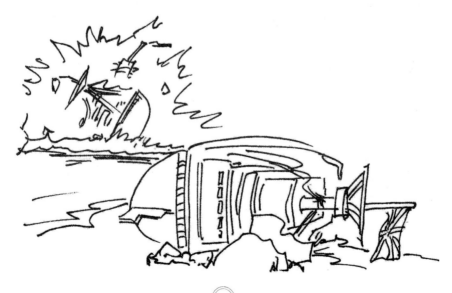

棉仓缝隙中冒了出来，又闻到一股刺鼻的焦味，立即向工头奔去："2号舱起火！2号舱起火！"

工头立即向船长报告火警。船长命令海员们立即前去救火，正在值班的船长助理飞速跑上码头，向电话亭冲去，给港口消防队打电话。

7分钟后，两辆消防车驶向1号泊位。消防队员们拉着水龙带跃上甲板，两支高压水枪向2号舱冒烟处喷出了强有力的水柱，但烟仍然从船舱里冒出来，挑战似地扑向消防队员。20分钟过去了，青烟变成了浓烟，半小时过去了，浓烟中又蹿出了火苗。

水火无情。尽管消防队员们奋力喷水救火，但火势仍越来越大。3点45分，从船舱里翻腾上来的热浪，扑向救火的人们。人们被烤得无法在甲板上站立了，只好纷纷下船。

2号舱的船壳已燃得通红，吃水线附近的水面上，白色的蒸气在翻腾跳跃，咝咝作响，水蒸气和烟火交织在一起，形成一幅十分可怕的景象。人们意识到"斯坦金堡垒号"的爆炸已迫在眉睫。

4点零6分，随着一声巨响，"斯坦金堡垒号"爆炸了！

一瞬间，"斯坦金堡垒号"消失在烟柱和火海中。船体的残骸、蒸汽机的碎片、棉花包、货箱、金锭和人体残肢，被气浪抛到300米的高空，随后又散落到港口各处。18辆消防车被送上天，消防队员们被炸得无影无踪，到后来才找到他们的几个金属头盔。

27分钟后，又发生了第二次爆炸。它比第一次爆炸更猛烈，船尾和船上的大炮一下子被抛到几十米的空中，落到几百米外的公路上。停泊在它后面的一艘英国货轮，被爆炸气浪掀到码头仓库的顶上。另一艘停泊在它前面的沿海货轮在爆炸时冲出了防波堤上的出入口，在海堤外倾覆后沉没。

在"斯坦金堡垒号"大爆炸时，停在维克多利娅码头和临近的泼里滋码头上的船舶一共有40多艘，其中26艘是正在装卸货物的货轮。"维春多利号"、"王子号"等13艘船只彻底被毁，它们之中有6艘英国船、3艘丹麦船、2艘巴拿马船、1艘挪威船、1艘埃及船。另外，还有3艘印度军舰被炸毁。被毁船只总吨位达5万吨。大爆炸还使50多个码头仓库毁坏，里面的棉花、粮食、军火和工业品荡然无存。

更可怕的是，城市也起火了。在海风的吹拂下，火逐渐从港区扩展到市中心的北部，越烧越旺。直到5月1日，"斯坦金堡垒号"点燃的大火，才被全部扑灭，孟买城这才得救。

孟买港大爆炸造成了巨大的经济损失，被毁的船舶、码头、仓库和城市建筑的总值高达10亿美元。人员的伤亡也极大，事后据陈尸所和医院不完全统计，爆炸和火灾使1500人丧生，3000多人受伤，失踪者不计其数。

20世纪最大的海难

菲律宾是世界上海难事故最多的国家之一。1987年发生了一起20世纪最大的海难，约3000人丧生。

菲律宾有90%的居民信奉天主教，圣诞节是全国最重要的节日之一。1987年12月20日，圣诞节前夕，因故外出的菲律宾人归心似箭，都想尽早赶回家与家人团聚，共度佳节。因此客流量剧增，使原已超载的客轮更加拥挤不堪。

12月20日清晨5时30分，"多纳·帕斯号"客轮轻轻撩开薄薄的晨雾，迎着火红的朝霞，缓缓离开菲律宾中部塔克洛班市的莱特岛，向马尼拉方向艰难地驶去。

这艘自重2300吨、额定载客量为1518人的客轮却挤进了足足3000人。船舱、通道，甚至甲板上也挤满

了人。

晚上10时许，客轮已行驶到民都洛岛和马林杜克岛之间的海域，距马尼拉只有160海里，再过几小时就要抵达目的地了。旅客们蜷曲着疲倦的身体渐渐进入梦乡。

正在这时，一艘装有8800桶原油的"维克多号"油轮迎面驶来。在黑色的夜幕中，只见一个亮点越来越近。当人们看清是一艘油轮时，两船已近在咫尺。只听一声震耳欲聋的巨响，船身一阵猛烈的晃动，"多纳·帕斯号"左船舷被撞开一个大洞，波涛汹涌的海水立即灌进船舱。随着一声可怕的锅炉爆炸声，火光冲天而起，船上的灯火熄灭了，机器停转了，滚滚的浓烟呛得人透不过气来。惊慌失措的人们乱作一团。船舱的出口被夺路而逃的人群堵死，后面的人不断拥上来，大多数人还未来得及爬上甲板便被无情的海水淹没了。

大量原油从破裂的油轮中溢出，海面上燃起的熊熊大火包围了两艘轮船。"多纳·帕斯号"甲板上的乘客顷刻间变成了火人，衣服烧着了，皮肤烧焦了，走投无路的人们跳入燃烧着的大海。

"多纳·帕斯号"出事时，正好被经过这里的"唐·克劳迪奥号"客轮发现。船长命令打开探照灯搜索海面。经过3个半小时的搜寻，共救起26名幸存者，其中有两名是"维克多号"油轮上的船员。

"多纳·帕斯号"在水中燃烧了两个多小时后沉没，"维克多号"也于21日凌晨2时左右沉入海底。

21日上午6时，海难发生8个小时之后，菲律宾有关当局获悉"多纳·帕斯号"客轮失事的消息。又经过8个小时，救援人员才赶到现场。应菲律宾政府的请求，美国驻菲军事基地派出3架直升机参加现场搜寻工作。

经过几天搜寻，未发现一个幸存者，只打捞起410具尸体，他们有的一丝不挂，有的被烧焦，还有的只剩下半截身子，这很可能是鲨鱼吃咬的结果。其余的死难者或连同他们乘坐的轮船一起沉入1788米深的海底，或葬身鱼腹。

20世纪元年大飓风

在美国西部得克萨斯州的沿海，蓝色的墨西哥湾北部，有一个海拔仅五英尺，面积只有六平方英里的小海岛，这就是加尔维斯顿岛。虽然很不起眼，但由于隔着海湾与得克萨斯内陆分离，俨然一个得天独厚的独立王国。因此，这里最早便成了大海盗拉菲特停泊船只的安全港湾。

到了20世纪元年，在这个四英里宽的沙质小海岛上，几经开拓经营，一座繁荣发达的港口城市——加尔维斯顿市逐渐成长起来，成为当时美国第二大粮食转运港口，年进出口额达3亿美元，富裕程度位列全美第四。

可是，就在1900年的秋天，正当加尔维斯顿市的市民们鼓足干劲，争取使这座城市得到更大发展时，一场生成于西印度群岛以南1200英里海面的强烈飓风袭击了这座蒸蒸日上的城市，几代人辛勤劳作的成果顷刻间化为乌有。

1900年9月8日凌晨4时，负责值班巡营的驻扎该岛的第一炮兵师上尉拉菲尔蒂正高高坐在一门指向海湾的大炮上歇脚乘凉。突然，他隐约地看见东南方远处有一团黑压压的东西正迅速地向小岛移来。

他不禁好奇地紧盯着东南方，仔细地观察起来。凭一位炮兵上尉对物体移动速度的敏感直觉，他断定这团黑物的运动速度为每小时30英里。不一会儿，越来越响的"呜呜"声传入耳中。同时，阵阵袭来的寒意不断加剧。拉菲尔蒂上尉不禁打了个寒战。

接着，紧张惊惧的神情浮上了他的面容。此时此刻，他清楚地看到：随着那团黑物的逼近，海湾里滂沱大雨倾盆而下，海面上涌起了高达几尺、十几尺甚至几十尺的巨浪，不断冲过码头，停泊在那里的各种船只一会儿被抛向半空，一会儿又被扔回海里；有的船只在浪头推动下，连续碰撞码头，发出"轰隆"巨响，直至粉身碎骨；海湾附近的居民区和海湾对面的商业街很快就浸泡在倒灌进来的海水中。

还没等上尉回过神来，大风和暴雨就把他包裹起来。风越刮越烈，洪水越涌越凶。暴虐的飓风不仅连根拔起了大树，摧毁了房屋，还吹断了圣玛丽教堂顶上那用来系拉一座两吨重大钟的钢绳。沉重的大钟自空而降，发出巨大的轰响。在这沉闷的丧钟似的轰鸣中，整座城市飘浮了，摇动了……

加尔维斯顿市的三位领导人：斯坦尼·斯宾塞、查尔勒和理查德·罗德却仍坐在斯特兰德街的里特沙龙里品酒取乐，把平民的恐慌当成了嘲弄的笑料。但还没等他们把杯中的美酒饮尽，"轰隆"一声巨响过后，沙龙的一大块楼顶板正好压在这三位狂妄自大的先生们身上。

惊惧万分的人们冒着被风刮跑或被洪水冲走的危险，纷纷涉水逃往自认为安全的地方。许多人半道儿就淹死了；有的人跑着跑着就被狂烈的飓风卷带到高空，然后抛向地面摔死。到处泛滥的洪水漂浮着房屋的残碎片、吹折了的电线杆、树木、牲畜和人的尸首，还有许多棺材。看来，在飓风癫狂之后，洪水疯涨之时，死者

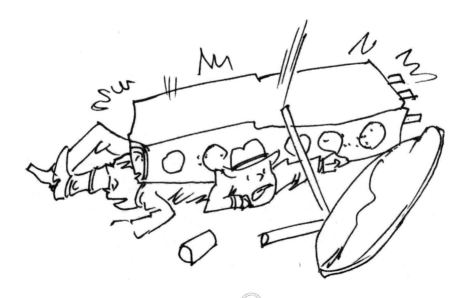

的安魂之所也不得安宁。

天主教孤儿院是本城最古老的建筑之一。当飓风越刮越烈的时候，为了保护孩子们不让洪水冲走，院里的15位修女用绳子绑在腰间，围成一个大圆圈，把100多名吓得瑟瑟发抖的孩子圈在当中。晚上8点，在经受了将近20小时的吹刮之后，这座古老的建筑物突然倒塌。除两名7岁男童外，其余人全部遇难，成了这次灾难中最大的悲剧。

有700人挤到了市政大厅里，结果，一块塌落的楼板使50人丧生，几百人受伤。

又老又旧的加尔维斯顿火车站里也挤满了人。飓风照样毫不留情地吹倒了它的南墙，掀翻了它的屋顶，不少人被当场砸死，而更多的人则在恐慌中被挤倒踩死。

坍塌的房屋比比皆是，死亡受伤的人数在急剧增加。

更为糟糕的是，几乎所有的电线杆都被飓风刮倒，城市被切断了电源，人们只能在伸手不见五指的漆黑之中苦捱。

大约晚上11点，风力渐渐减弱直至停息。高涨的洪水也于9日凌晨缓缓退去。城市里到处是断壁残垣、连根拔起的树木和电线杆子及残缺的尸首。全身泥污的幸存者神情呆滞地在大街上疲惫地寻找着自己失散的亲人。

6000多具死难者的尸体处理成了一个极其难办的大问题。港湾里和洪水还没退尽的街道上，到处漂浮、暴露着木材堆般的尸首。人和牲畜的尸体混杂在一起，开始腐烂、发臭，令人作呕。无可奈何，人们最终选择了火葬。

诺罗尼克号游船灾难

用于内河航运的"诺罗尼克号"、"哈蒙尼克号"和"胡罗尼克号"是同属于加拿大航运公司的三姐妹客轮。其中两艘在前后不到5年的时间里都被大火烧掉了。1949年，"诺罗尼克号"也遭到了同样的厄运。

尽管"诺罗尼克号"的外壳、甲板都是用钢材制成的，但它实际上只不过是个漂浮在水面上的火绒箱。这是因为，船上所有的睡舱壁用的都是漆得很厚的胶合板，壁骨也是木制的；船上没有安装自动喷水灭火系统，低水平的灭火设备也没有得到很好的检修；船员都很懒散，对灭火知识知之甚少，从大副到全体船员都没有受过防火知识教育。这艘有5层甲板、高362英尺的大船居然没有垂直防火梯。此外，甲板上狭长的散步走廊和贯穿5层甲板的中间天井所形成的风速每小时可达12英里。如遇火灾，这股风便会助长火势。很显然，"诺罗尼克号"根本没有达到一般轮船的防火要求。

1949年前8个月，这艘轮船在温索尔、安大略、底特律、密执安到德卢斯、明尼苏达之间航行。9月，"诺罗尼克号"为了满足旅客的要求，暂时改道去安大略湖的千岛和普里斯科特做一次为期一周的游览，最后在底特律港停泊。9月16日下午6时左右，"诺罗尼克号"在多伦多港9号码头做中途短暂停留时，包括船长在内的171名船员差不多都上岸去了，而524名旅客则大都留在船上，在夜色中欢宴歌舞。

9月17日凌晨1点半，一位名叫车奇的旅客走出客舱，信步来到第三甲板呼吸新鲜空气。他看到船后部右舷的走廊里有一股烟冒出并越来越浓。

他向烟雾方向走去，发现这股烟是从船上女卫生间旁的贮藏室里冒出来的。这个贮藏室放着毛巾、床单、肥皂和刷子，大多是妇女洗澡用品，旁边的废纸篓里还扔着一个纸板箱。许多人曾看见一位少女在这里抽烟，但没有一个人责备或警告她。

车奇试图打开贮藏室的门，然而，这是一个极大的错误。这种类似的行为在其他许多船上都发生过，并导致了许多船只被彻底烧毁的悲剧。

常识告诉人们，船上或其他任何地方如果有封闭的地方起火，一定不要把封闭的地方打开，以免新鲜空气进来助长火势。车奇使劲地要打开贮藏室的门，可是打不开。他把船上一个叫奥尼尔的船员找来，两个人一起才把贮藏室的门打开。门一打开，火苗立即从贮藏室蹿出并燃着了窗户。他们两个见势不妙，立即拿来两个灭火器试图把火扑灭，但没有成功。奇怪的是，两人都没有想到去通知船上的15

人消防小组。

车奇和奥尼尔跑到船后部使劲地拉来一个消防管，可是当他们把开关打开后却没有水喷出来。车奇扔掉水管对奥尼尔说："这火已经控制不住了。"说完，他走开了。

奥尼尔发现火情整整8分钟之后才想到向船长和船员报警。大约凌晨1点30分左右，多伦多消防公司得到通知，一队消防队员马上赶到9号码头，并通知了停泊在1.5英里以外的消防船。

睡在船舱里的大部分客人还没有醒来。看到情势危急，一些船员赶快叫醒那些尚在睡梦中的旅客。正当惊恐万状的旅客们向船头船尾乱跑时，船长赶了回来。他一直在岸上和一些旅客一起喝酒。回到船上后，他的举止非常古怪，一看就知道喝醉了。他没有命令叫醒所有的旅客，更没有组织旅客有秩序地撤退。他在甲板上一边胡乱地跑着，一边用水龙头把许多船舱玻璃打碎，话也说不连贯了。

在没有指挥的情况下，旅客们盲目地四处逃命。有位旅客听到舱外的混乱声之后从铺上跳起来，穿着睡衣打开舱门一看，发现走廊里烟雾弥漫，挤满了哇哇乱叫的客人。他转身拿了几件衣服，等他想从走廊里逃出时，走廊里已是一片火海。他把舱门一关，砸碎了一个舷窗玻璃跳了出去，结果只受了一点轻伤。

许多人从甲板上跳进水中，还有一些人直接向码头上跳，结果都摔成重伤。在消防队长史蒂文森的命令下，消防队员架起了许多梯子，让旅客顺着梯子下来。消防队员看见甲板被大火照得通红，旅客来回乱跑的影子在他们眼前晃动。一群旅客拥挤在船头向下求救，消防队员发现后立即为他们架起一个长长的梯子，把他们救了下来。

一艘消防船开到火光冲天的"诺罗尼克号"旁边，向船上猛烈地喷水。115名消防队员、9名指挥员搏斗了近两个小时，12条水龙向"诺罗尼克号"喷了近170万加仑水，但由于火势太大，仍没有保住这艘客轮。到日出时，"诺罗尼克号"已被烧成一副残骸。

后来，消防队员从灰烬中共找出104具烧焦的尸体，另外，14人下落不明。船上659人中118人死亡，全部损失达350万美元。

加勒比海海难

1979年7月19日夜晚，西德远洋救助拖轮"奥辛尼克号"像往常一样，停泊在拉丁美洲北部巴巴多斯港。突然，电台中传来"SOS"信号。"奥辛尼克号"以最快的速度做好了出航救险的准备。报务员收到最初报告：由于视线不清，满载21万吨原油的超级油轮"爱琴海船长号"在多巴哥以东18千米处拦腰撞上了满载28万吨原油的超级油轮"大西洋皇后号"后起火。两艘油轮火势严重，一场举世罕见的火灾正在蔓延。

船长下达了立即起航的命令。6小时后，"奥辛尼克号"到达火灾现场。方圆一千米的海面上，两艘油轮正在熊熊燃烧。原油不断从破损的船舱往外溢流，形成可怕的火海，随流漂向墨西哥湾附近海域。面对凶猛

的大火，"奥辛尼克号"即使喷出船上所有的泡沫和化学灭火剂也无济于事。"奥辛尼克号"迅速向欧洲总部通报火灾现场的情况，请求紧急空运救助人员和各种器材装备。

船长决定先救"爱琴海船长号"。7月20日早晨，"奥辛尼克号"冒险进入火海，打开所有的探照灯，搜救两艘油轮上的幸存者。12小时后，"奥辛尼克号"靠上了"爱琴海船长号"滚烫的船体。船上的钢板已烧得通红，强烈的灼热感使救助人员难以登船灭火。"奥辛尼克号"只得向"爱琴海船长号"船首不断喷放大量的泡沫和水。

不久，闻讯赶来的荷兰救助拖轮"大西洋号"、"波罗的海号"和另外两艘拖轮也先后到达。7月21日，在另外几艘拖船的协助下，"奥辛尼克号"救助人员终于登上了火红的甲板，他们迅速铺设管道，把原油泵入没有破损起火的后舱。

几经奋战，人们把消防泵装上了"爱琴海船长号"，火势初步得到控制。紧接着，破损的船首抬出了水面，止住了原油外溢，该船渐渐脱离火海。

但是，"大西洋皇后号"的大火仍在燃烧。刚把这边的火势压下去，那边的火龙又蹿上天空。厚厚的一层原油铺满了80平方千米的海面。火借风势不断形成新的火区。消防人员几次试图登上这艘"火轮"均告失败。这时大火已经烧了10天。"大西洋皇后号"上的原油差不多已经烧掉或溢出一半，剩下的10万多吨仍处于火海包围中。

8月1日晚，救助人员准备再度出击时，突然响起了震耳欲聋的爆炸声。原油喷出即成火柱，高达150米。瞬间，海面上大火一片。

8月3日晚上9点30分，奄奄一息的"大西洋皇后号"尾部急速下沉。船体下沉的压力使它再度发生剧烈爆炸。

这起航运史上重大海难事故历时16天，造成27人失踪，直接经济损失达15000万美元。

星号航空母舰失火记

"星号"航空母舰像独立战争的主力部队一样令美国人感到自豪。1959年10月8日被命名为"星号"的这艘航空母舰是美国海军当时拥有的最大的航空母舰。它由25层组成，325余米长的船体如果竖起来，其高度几乎可以同帝国大厦相比。然而航空母舰上的一场大火却给美国人留下了难以忘却的痛。

这场灾难的发生过程是这样的。1959年10月19日上午，4000余名工人正忙碌地工作着。在甲板上，一辆来回飞奔的运货车不小心撞掉了一辆油罐车的塞子，罐内燃点极低的汽油顿时大股大股地流了出来，并滴到下面的甲板上。而在下面的甲板上，恰巧有一个电焊工拿着乙炔焊枪正在紧张地焊接。火花溅到汽油上，汽油立即着了起来。由于满船都是木脚手架，火很快从一个甲板烧到另一个甲板。几分钟之内，"星号"航空母舰成了一片火海，工人们连滚带爬地逃离

现场。

几百名工人拥向舷梯，但甲板上却有30个工人被大火拦住了逃跑的去路，被逼到船的尾部。一位吊车司机看到这种情况，急忙把一块10米长的跳板吊到这些受困人的身边。这些人慌忙跳了上去，被吊到了安全地带。船四周悬挂的绳子上立即挂满了几百名工人。有的疯狂地往船坞上跳，有的慌不择路地往水里跳。有大约200人落在附近的一条平底船上，在船因载重量过大快要下沉时，一条拖船赶来才把他们救走。

然而对许多人来说，就没有这么幸运了。上百个惊慌失措的工人在船体内盲目地跑着，躲避后面浓烈的黑烟，其中许多人被烟雾和有毒气体呛死，船体内成了名副其实的"刑场"。"星号"航空母舰是完全焊接起来的，为了减少遭受进攻时下沉的可能性，各个部分都是相互独立的。结果，困在4层甲板以下的工人们就像被装进一个巨大的铁箱，里面烟雾弥漫，伸手不见五指，几十处大火在这些工人周围燃烧。

纽约市消防队对这次10级警报大火立即作出迅速反应，350名消防队员携带120件大型灭火器具火速赶到现场。"星号"航空母舰上没有任何防火、灭火设施，它的自动灭火系统还没有安装。

这艘航空母舰共有1200个隔开的空间，呼喊救命的工人们手拿工具不辨方向地乱跑着。

被困在船上的工人，为了逃避烟雾的熏呛，许多人跑进舱内关上防水口。他们用手中的工具敲击舱壁，希望消防队员通过声音知道他们所在的地方。在一个防水舱内，26个工人一边用扳手敲着舱门，一边耐心地等待着。一个工人在NB021望孔里透过外面的滚滚烟雾，看见一辆带梯子的消防车向他们开来。要得救了，他们被烟火熏得乌黑的脸上露出了笑容。消防队员爬上垂直的消防梯，然后把水平梯伸向这间防水舱，工人们一个个慢慢爬上水平梯，安全地被护送到船下。

消防队员经过4个小时的战斗，找到了所有被困在船上的工人。50具尸体和154名奄奄一息的工人被担架抬下舷梯，在他们的后面，是烟雾笼罩的火烫的钢甲板船体。这次事故物质损失达7500万美元。

日本渔船良荣丸创漂流奇迹

"良荣丸"是日本和歌山县西牟娄群和深村的一条小型机动渔船,排水量19吨。1926年9月14日从田子港出航,到三崎附近的渔场打鱼,12月初因遇大风而进姚子港避风,12月7日在姚子港海面失踪。

1927年10月31日中午,从西雅图开出的美国货轮"麦加勒特·达拉号"通过胡安——德富卡海峡,进入太平洋。站在驾驶台上的船长比姆发现前方漂流着一叶小舟,靠近之后,见其甲板上既无人影,也无动静,两根船桅上也没有一片风帆。比姆船长感到奇怪,命令几名船员前去察看。

几名船员踏上这艘小船的甲板,眼前的情景使他们惊呆了:两具干枯的木乃伊样的尸体横卧在甲板上,另外还有一堆散乱的白骨,船上没有活着的船员。

"麦加勒特·达拉号"把小船拖到附近的一个港口,请警察调查处置。警察在小船上找到了全体船员的遗书和航海日志,从而判明它是一艘日本小渔船,船名是"良荣丸"。

日本驻西雅图领事河村闻讯赶到现场,比姆船长把12名日本船员的遗书移交给他。遗书写在一块长90厘米、宽15厘米的松木板上,上面写着全体船员的姓名,另外还有简单的记事:大正15年(1926)12月5日,从神奈川县三崎港出航捕鱼,因机器故障而漂流,1石6斗白米使全体人员活命至今,勇敢战斗至死,大正16年3月6日。通过用生命写下的悲壮的字字句句,才解开了"良荣丸"失踪之谜。

"良荣丸"上有3个笔记本,作为航海日志由值班员每日记载。1926年12月5日从三崎港出发至次年3月17日,由船员井泽舍次填写,以后由松本源之助续写。

人们通过航海日志和遗书，了解了"良荣丸"为什么无力返回日本以及这一百多天里发生的事。原来"良荣丸"在姚子港避风时，正逢低气压经过，天气转好后，渔船于12月7日出港。8日，北海道东北方产生990毫巴的低气压，中国的东北是1040毫巴的高气压，在这种天气形势的配合下，形成东西向气流。

11日，"良荣丸"顶着西风回港，途中主机曲柄轴断裂，使渔船失去机动能力，只能靠两张辅助帆航行。接着，一连几日受东风、西风和无风的反复折腾，不得已的情况下，船长决定向东方漂流。

12月18日推定船位在金华山海面，由于连续刮西北风，渔船无法西行，选择了向南方的八丈岛漂流。但经过几天的努力，离八丈岛仍有500海里，不得已才向东漂流。当时，西太平洋连续西风，有助于渔船向美洲方向漂移。

在烟波浩瀚的太平洋上，小小的渔船难以被来往于航线上的轮船发现。一二月份，太平洋上西风强大，渔船顺利东漂，但到了太平洋中部，西风减弱，东行困难。3～5月，渔船处在太平洋高压圈内，在夏威夷以北打圈圈。

6月以后，船上人员全部死亡，其中两人在高温的海面上晒成了干尸。无人船从此便沿着一条难以猜测的曲折航路漂到了太平洋彼岸，直到被发现。小小的渔船在太平洋上漂流了330天，横渡了整个太平洋，这是漂流中的奇迹。仅靠一石六斗粮食，12名船员在海上坚持生活了150天，这也是奇迹。

"良荣丸"船体最后在美国烧毁，船员的遗骨送回日本安葬，并在和歌山县立碑纪念。

慕尼黑号失踪始末

"慕尼黑号"是一艘新型的现代化船舶，装备了先进的导航通讯设备和自动控制系统。1978年12月7日，45000吨级载驳船"慕尼黑号"装上最后一艘驳船后，缓缓驶出了不来梅港。这是它第62次航行。出港后，"慕尼黑号"便开足马力向目的港——美国萨凡纳港驶去。

"慕尼黑号"在灰沉沉的大西洋上连续航行了4昼夜。12日凌晨0时7分，报务员恩斯特同他的好友——"加勒比号"报务员通话，告诉他："……天气不好，风浪很大，海浪不断冲击着船身……"3小时后，即12日凌晨3时10分，"慕尼黑号"发出遇难求救信号。遇难方位：北纬46度15分，西经27度30分。希腊籍货船"麦里欧号"第一个收到求救信号，但始终未能同"慕尼黑号"建立联系。于是"麦里欧号"报务员迅速发

出了"慕尼黑号"遇难的信号和方位。在大西洋航行的许多船只都收到了这一信号。

"慕尼黑号"始终无声无息，一直没有报告出事原因。12日早晨，美国海难救助中心发布公告，要求在"慕尼黑号"遇难的附近海域航行的船舶相应改变航向，协助搜寻"慕尼黑号"船员。救助拖轮从荷兰、比利时、西德、英国等地相继以最快的速度驶向出事地点。上午10时50分，英国皇家空军出动最先进的反潜飞机参加救助"慕尼黑号"遇难船员的工作。110艘船及13架飞机在方圆100海里的海面上来回搜索，但是，大西洋上除了汹涌的浪涛外，没有"慕尼黑号"遇难的任何踪迹。救援的希望随着白天的过去越来越渺茫。

12月13日上午9时6分，比利时人西诺特在很少使用的8238.4千赫收听

到一个有明显德国口音的英语呼号："呼救，呼救……这是MU……"几秒钟后又出现了"北纬56度15分……"的呼号，显然，"慕尼黑号"的船员还活着。西诺特立即用电传报告了哈利法克斯电台。这一简短的消息立刻传遍了大西洋上空，犹如一团烈火燃起了人们救助"慕尼黑号"的希望。几小时后，惊异和希望又化成了忧伤和失望。中午12时，荷兰救助船收到了"慕尼黑号"无线电浮标的微弱信号。按照国际惯例，只有当船舶行将沉没时才能投放无线电浮标。据此推断，"慕尼黑号"已经葬身海底。美国海难救助中心在当天下午正式宣布：西德籍载驳船"慕尼黑号"于12月13日11时左右在亚速尔群岛以北遇难沉没，船上28人失踪。公告发布后不久，又找到了"慕尼黑号"上装载的3艘驳船和一艘救生艇。

正当救助工作准备结束之时，事情又出现了转折。当晚18时以后，美国海军监听站在2182千赫上连续听到10次内容相同的"慕尼黑号"海难求救信号，间隔时间1～1.5小时。其中还用英语呼叫"船上有28人"。另外两个美军监听站也听到了这次呼号，并录了音。从电台的发射功率判断，"慕尼黑号"并没有沉没，可能还在大西洋上漂泊或者锚泊在人们所不知的地方。

美国海难救助中心研究了这些情况后，重新制订搜寻方案。经过一个星期的努力，"慕尼黑号"仍然毫无下落，美国海难救助中心决定维持原结论，并于12月22日正式结束对"慕尼黑号"的搜寻救助工作。

西德明亨号遇难

1978年12月，西德一艘4.5万吨集装箱船"明亨号"行驶在大西洋上，当经过英国的高德兰群岛和奥尼克群岛之间的海域进入北海时，突然失踪，28名船员无一人幸存。几天之后，在奥尼克群岛东部的海滩边，人们发现了几只印有"明亨"字样的救生圈。

根据"明亨号"报务员最后一次报告的船位、航向及航速，专家分析认为，失事地点可能在北纬59度、西经1度。这里是浅水区，深度只有25～45米，这对寻找沉船是有利的。于是，航运公司请求英国海军派潜艇帮助寻找。潜艇将海底巡扫了一遍，却没有发现"明亨号"的踪迹。

1979年初，不来梅港海事法庭对"明亨号"失踪事件展开了调查。由于"明亨号"是登记保险的，保险公司为了少付保险费，希望把"明亨

号"失踪说成是人为的因素，是值班驾驶员在风浪中迷航，致使船只触礁沉没。与保险公司相反，航运公司想多得一些保险费作补偿，就竭力将"明亨号"的失事归因于轮船本身抗灾能力差。

经过查证资料，发现失事那天整个海区风浪并不很大，而且"明亨号"是一艘现代化巨轮，配有先进的航海仪器和雷达导航设备，迷航触礁的说法是不太可能的。因此，法庭难以对这件海事作出判决。直到1980年6月，在英国爱丁堡地理研究所的协助下，方才找到了解决这个疑难问题的一些线索。

爱丁堡地理研究所在1979年对北海海底进行考察时发现，北海西部海底布满了一个个火山口，整个火山口地带呈月牙形，面积有1.5万～2万平方千米。北海西部的火山口排列得很密。爱丁堡地理研究所在北纬59度、西经1度的地方，划定了一个方圆80平方千米的海域，进行重点考察和研究。考察发现，在如此小的海域中竟有31个火山口。火山口大小不一，深浅不同。火山口的半径有15～45米的，还有45～75米的；深度有5～10米的，还有25～30米的。火山口的形状多呈椭圆形，椭圆的长半径为东北—西南向，与这里的潮流流向相一致。这些火山大部分是死的，但少部分是活的，还在喷吐熔岩。

海洋地理学家推断，"明亨号"的失踪，是由于它航行在月牙形火山口地带的某座活火山口上时，恰好遇上熔岩强烈喷发，水团急剧搅动，"明亨号"被海浪打沉而陷落进火山口中，悬浮状的熔岩覆盖了沉船，于是"明亨号"被埋藏在熔岩之中。至于那几只救生圈，原是挂在舱楼外壁上的，船沉时随海水上浮，逃脱了与船只同归于尽的厄运。

人们认为，只有将来在北海西部的某一个直径大于"明亨号"船体长度的火山口中，找到这艘沉船的残体时，不来梅海事法庭方能对这一案件做出正确的裁决。

美国长尾鲨号沉海

"长尾鲨号"是美国第三代攻击型核潜艇的首制艇，1958年5月8日开工建造，1960年7月9日下水，水面排水量3750吨，水下排水量4310吨，长84.9米，宽9.67米。它装备了先进的攻击武器——"沙布洛克"火箭助飞鱼雷，可以携带当量为2万吨梯恩梯的核弹头或普通鱼雷。发射时，潜艇可以在水下用液压把它从533毫米鱼雷管中推出，1秒钟后火箭在水下点燃，以30～40度的仰角出水，在空中以超音速飞向目标，最大飞行距离约26海里，能对敌舰发起先发制人的攻击，具有较大的威慑力。

1963年4月9日，"长尾鲨号"经大修后顺利地结束了浅海试航。4月10日凌晨6点35分，在浩瀚的大西洋海面上，"长尾鲨号"正在波士顿

以东220海里处做潜望镜深度航行。不久，它就要做超过300米的深潜试验。艇长转动潜望镜观察海面，这时，潜艇救生舰"云雀号"突然出现在他的视野里。

声呐兵报告了"云雀号"和"长尾鲨号"的精确距离。艇长点点头。他拿起1号传话器，向潜浮指挥官发出了下潜的命令。同时，联络员通过水声电话与"云雀号"通话。

"'云雀'，我是'长尾鲨'，我已开始深潜。"

"'云雀'明白。"

但是，一系列对话后，"云雀号"便再也联系不上"长尾鲨号"了。

之后不久，"云雀"的声呐兵好像听到了液体的压溃声。

"云雀号"舰长望着话筒怔了好久，指挥室内的所有官兵都屏气静听。过了一会儿，舰长以低沉缓慢的语调说："看来它是遇难了。"这位在第二次世界大战中出生入死的指挥官，对水下传来的声响意味着什么，是再清楚不过了。但是，此刻他仍抱着侥幸的心理，继续向"长尾鲨号"呼叫了一阵，回答他的是大海的寂静和水声电话里微弱的沙沙声。

"长尾鲨号"试验的海区已远离大陆架，水深约2700米。它失去控制后，就会向死亡之渊下沉。当深度超过1000米之后，巨大的海水压力就会把艇体压溃，于是核潜艇成了全体人员葬身海底的铁棺材。由于艇上人员无一生还，潜艇又被海水压得粉碎，因此很难查明"长尾鲨号"失事的真正原因。只能根据不完全的实物资料和专家的推测，作出如下的解释。

调查"长尾鲨号"失事原因的专门委员会提出的报告推定："恐怕是海水管中的某处，也许在后部舱室内，发生了某种损坏；或者是闭锁装置发生事故，或者焊接处出了毛病，或者管子腐蚀后强度减弱……"不管是哪一个原因，在超过下潜深度的情况下，管道无论如何也受不住上百个大气压的高压。海水先从破损处喷进舱内，使电力系统首先遭到破坏，停电后潜艇失去控制，迅速下沉，直到压溃。

"长尾鲨号"核潜艇失事沉没，造成108名官兵和21名其他人员全部死亡。

沃尔图诺号轮船沉没

1913年10月2日，荷兰皇家航运公司的一艘3600吨的小型客轮"沃尔图诺号"驶离鹿特丹港，开往纽约。船上有乘客600人，全是移民。另有船员57人。船长名叫英奇。

7天以后，行驶在大西洋上的"沃尔图诺号"着火了。原来这艘船上装了不少化学制品、汽油、麻布、泥炭、绳网等易燃物品。火是从一个货舱燃烧起来的。

1年以前，"泰坦尼克号"的失事曾震撼了全世界。此刻，英奇船长

决心避免重蹈覆辙。他一面指示发报员向所有来往轮船发出求救信号，一面命令船员放下救生艇，准备撤离。

英奇船长心里明白，"沃尔图诺号"面临双重危险：船上是熊熊烈火，船下是狂风巨浪。但是坐待救援终非万全之策，万一救援来迟岂不误事？英奇船长命令放下2号救生艇，但转眼工夫，载了25人的救生艇便艇底朝天，3名落水船员奋力翻过救生艇，爬了上去。他们一边划船，一边搭救其他人。这艘救生艇在风浪中漂向远方，永远无影无踪了。

轮船上，大火已从下层货舱烧到主甲板上。英奇船长看到2号救生艇已驶远，就命令放下6号救生艇。这只救生艇随波漂流时，艇上的乘客还满怀信心地向轮船上的人招手。后来，这只救生艇也永远消失在大西洋中了。

正在75海里外行驶的"卡曼尼亚号"汽船收到了"沃尔图诺号"发出的求救信号，立即全速赶赴救援。与此同时，美国大西洋运输公司的轮船"克鲁兰德号"、"明尼阿波利斯号"，德国轮船"赛德利茨号"、"格罗泽·库弗斯特号"，俄国轮船

"察尔号"、法国轮船"拉图雷纳号"等18艘大型轮船收到求救信号后，也都一齐朝"沃尔图诺号"驶来。这真称得上是一只浩浩荡荡的国际海上救援船队。

在"沃尔图诺号"上，英奇船长看到6号救生艇划走，又命令放下7号救生艇。这只救生艇上坐着18名乘客和船员。刚离开轮船，这只救生艇就被一阵巨浪推了回来，正好推到轮船的螺旋桨下，立刻被飞速转动的螺旋桨搅成碎片。目睹这一悲剧的英奇船长立即下令停止使用救生艇。

轮船上的人已经束手无策，只好坐以待毙。突然，"卡曼尼亚号"破浪驶来，"沃尔图诺号"上一片欢呼，但欢呼声很快变成了叹息声。"卡曼尼亚号"放下的救生艇在大风大浪中怎么也划不到"沃尔图诺号"旁边来。其他几艘船相继赶到，也遇到同样的困难。国际援救船队远远围住燃烧着的"沃尔图诺号"，听着船上传来的呼救声、祈祷声、尖叫声却一筹莫展、无可奈何。

突然，"沃尔图诺号"上响起一阵阵爆炸声，甲板断裂，驾驶台起火。英奇船长的头发、衣服、鞋子都

被烧着了。他依然镇定自若，竭力组织乘客和船员，避免伤亡。

英奇船长最后告诉船员，有欲跳水逃生者悉听尊便。许多人跳下水去，被救援的轮船救了上去。一些船员坚守岗位，安抚乘客。

正在绝望之时，大型油轮"纳拉甘塞特号"隆隆驶来，为这次国际性救援立下奇功。这艘油轮的船长看清形势后，命令船员在水面浇上一层浮油。很快，海面便渐趋平静，波涛悄悄消失。所有18艘救援船纷纷放下救生艇，水手们拼命划桨，全力救人。"沃尔图诺号"此时首尾都是大火，已到了最危险的关头。

英奇船长命令在主甲板上拉一条绳索，让男人站在绳内，妇女和儿童到船边去。像"泰坦尼克号"的做法一样，先救妇女和儿童。妇女儿童撤离后，男人接着撤离。英奇船长是最后一位离开的，这时，"沃尔图诺号"已完全被大火吞没了。

这次海难有521人得救，136人失踪。

说来令人吃惊，被烧毁的"沃尔图诺号"轮船并没有沉没。1913年10月17日，一艘荷兰油轮"沙卢瓦号"在大西洋遇见了孤独漂流的"沃尔图诺号"的残骸。水手们登上这艘死船，打开海底阀，让它沉到大西洋底安息。

自由企业先驱号渡轮的倾覆

1987年3月6日，来往于北海多佛尔海峡两岸的英国"自由企业先驱号"渡轮突然沉没，122辆汽车、数百吨货物和189人葬身海底，近百人受伤。

"自由企业先驱号"渡轮属于英国最大的渡轮公司——汤森·托雷桑公司所有，是由联邦德国承建的一艘现代化的大型渡轮。该船自重8000吨，长130米，船舱分为上下两层，上层载客，下层装货，有"漂亮的罐头盒"之称。7年来，它穿梭往返于英国的多佛尔港和比利时的泽布勒赫港，从未发生过重大事故。

3月6日傍晚7时28分，"自由企业先驱号"渡轮一声长鸣，缓缓驶离比利时泽布勒赫港。船上除84名船员外，还有566名乘客。他们大多是英国人，其中有白发苍苍的老人，有还在襁褓中的婴儿，有刚度蜜月归来的情侣，也有回国休假的军人。

7时46分，渡轮刚刚驶离泊位1000米左右。一个淘气的小男孩在舱内跑来跑去，玩兴正浓。妈妈喊住他："不要乱跑，会翻船的！"话音刚落，只听"轰"的一声巨响，船头猛然下沉，失去平衡的船体向右倾斜，汹涌的海水从下层舱门灌进船内。在船体剧烈的晃动下，所有不固定的物体满天飞舞着向人群砸去。有的当场被击昏，有的胳膊腿被砸断，有的被抛出船外落入水中，有的被堵在舱内，还有的被从下层货舱翻转摔下来的货物压死压伤，哭喊声和惨叫声响成一片。

仅仅一分钟，这艘大型渡轮船体的大部分已沉入9米深的海底，只有船的右舷朝天露出海面。沉船的速度之快竟使船长没有来得及发出求救信号。

英国军人斯坦·马森同妻子和刚满4个月的女儿乘船回国度假。在船体倾斜的瞬间，他紧紧抓住妻子和女儿。这时，一个物体飞来击中他的腰部，剧烈的疼痛使他不由得松开了紧抓妻子的手，妻子不幸滑入水中。眼看女儿也将脱手，他急中生智，用牙死死地咬住女儿的衣服，硬是拖着孩子爬出了船舱。

银行职员安德鲁·帕克是这次海难中的传奇人物。出事时，他正在餐厅就餐。船体大幅度倾斜把他和20多位旅客抛向餐厅的一侧。这时，他猛然发现通向安全出口的唯一通道断开

1米多宽的裂口。对于手脚灵便的年轻人来说，跨过这条裂缝并不难，然而对于那些老弱妇孺来说，它却成了一道不可逾越的鬼门关。帕克毫不犹豫地飞身扑在裂缝上，使20多人从他身上踏过，死里逃生，他自己也安然无恙。

"自由企业先驱号"遇难的消息震撼了英伦三岛，轰动了全世界。英国女王和首相撒切尔夫人极为震惊。撒切尔夫人亲临现场视察，部署抢救事宜及善后工作，并下令成立事故调查组。

第一个发现该船遇难的是正在附

近作业的比利时"桑德鲁斯号"挖泥船的大副范·马伦。看到危急情况发生，他立即向比利时港务当局发出警报。比利时政府迅速派出救援的大小船只、飞机赶赴出事地点。仅在15分钟的时间内，前往救援的大小船只就达50多艘。救援人员凿开遇难轮船的钢板，砸破门窗，抢救旅客和船员。经过一天一夜的奋战，300多人获救，但仍有100多人不幸遇难，其中包括40多位忠于职守的船员。其余人员下落不明。

3月8日，泽布勒赫市乌云低垂，气氛肃穆，全市降半旗向死难者致哀。市体育中心的篮球场四周用黑布围起，场内陈放着从海底打捞上来的50多具尸体。死者亲属泪流满面，低沉的哀乐声在空旷的球场上空回荡。

海难事故调查组经过长达4个半月的缜密查证，于7月24日公布了调查结果：造成这起海难的直接原因是该船船长、大副和助理水手严重失职，在渡轮起航后，竟没有把渡轮货舱门关上。当船底撞到港口凸形防护堤水下基石时，随着船身的倾斜，海水迅速从开着的舱门涌入船内，酿成这次重大伤亡事故。船长和大副分别受到停职1年和两年的处分。

库尔斯克号在演习中爆炸

2000年8月12日，俄罗斯海军北方舰队在巴伦支海域的大演习进入高潮阶段。这是俄罗斯海军近年来最大规模的海上实兵演习，演习课目为"对航空母舰战斗群的协同攻击。""库尔斯克号"核潜艇艇长根纳季·利亚钦上校率领117名艇员，驾驶潜艇在水下航行。

莫斯科时间8月12日23时左右，演习指挥部与"库尔斯克号"的联系突然中断。不久，两次巨大的爆炸声从深海传出。临近巴伦支海的挪威地震研究所测到了这两次大爆炸，相隔时间为2分15秒，第一次相当于1.5级地震，第二次相当于3.5级地震。

约4个小时后，奉命搜寻的俄海军巡洋舰的声呐发现海底有"异常情况"，最终证实：在摩尔曼斯克西北方向巴伦支海100多米的海底，有一艘沉没的巨型潜艇。它就是著名的俄罗斯海军战略导弹核潜艇"库尔斯克号"。

14日上午11时，俄海军司令部向新闻界正式发布消息：北方舰队的"库尔斯克号"在演习过程中发生事故，沉没于巴伦支海，准确位置为俄罗斯西北角的科拉半岛附近，距俄海军基地摩尔曼斯克约157千米。

消息传出，举世震惊，举世关注：艇上100余名官兵的生死如何？艇上的核装置是否会发生核泄漏？这样一艘先进的核潜艇为什么会发生爆炸？……

俄罗斯20多艘舰艇和多架大型救援飞机，迅速赶往出事海域，俄海军总司令库罗耶多夫上将和北方舰队司令员波波夫上将亲自指挥救援行动。

到8月15日，"库尔斯克号"上的艇员仍旧活着，他们利用敲击潜艇外壳发送信号的方式，与救援小组取得了联系。但是，由于出事海域水深流急浪高，使得俄海军向水下释放的救生钟(艇)，无法与潜艇的逃生舱口进行对接，六次实施营救行动均告失败。

16日下午4时，俄罗斯外交部正式请求英国和挪威为营救"库尔斯克号"提供援助。富有海底救援经验并拥有先进救援装备的英国皇家海军和挪威海军，迅速派出LR5救生潜艇和"诺曼底先锋号"救援船。12名挪威潜水员，他们携带的"天蟹号"深水遥控机器人，克服重重困难，终于在8月21日7时45分打开了"库尔斯克号"救生舱的外盖，后又打开了救生舱内舱盖。但是，为时已晚，只见

舱内全灌满了海水。这意味着，"库尔斯克号"上的118名官兵已全部遇难。

舷号K-141的"库尔斯克号"潜艇，是俄罗斯第四代核动力巡航导弹攻击潜艇，是949·A型潜艇中最新的一艘，西方称其为"奥斯卡"级，俄罗斯则称为"安泰"型。该型潜艇是俄罗斯海军现代化程度最高的海战重型装备，也是世界上吨位最大的巡航导弹攻击型潜艇。

把巡航导弹装在攻击型核潜艇上，是俄罗斯人的首创。此前，西方的攻击型核潜艇只装备鱼雷。949型由"红宝石"中央设计院设计，总设计师为斯帕斯基，1980年在德文斯克

造船厂建成第一艘。由于在试航中发现了一些缺陷，设计师对949型进行了修改，新艇称949.A型，于1985年建成。原计划建造16艘，至2000年有9艘服役。"库尔斯克号"是"奥斯卡"级中比较新的一艘，于1994年5月建成下水，1995年1月加入司令部设在北莫尔斯克的俄北方舰队服役。该级核潜艇采用双艇体结构，内层艇体为圆筒形耐压艇体，分成10个舱室。潜艇主要战术技术要素：水上排水量14700吨，水下满载排水量24000吨，比美国海军"海狼"级和"洛杉矶"级攻击型核潜艇大得多（水下排水量分别为9100吨和6900吨）；艇长154米，宽18.2米（含稳定翼为20.1米），吃水9.2米；极限下潜深度可达600米，工作深度420米；动力装置为2座各为190兆瓦压力式OK-650E型核反应堆，2台50000马力的蒸汽轮机，另有2台3200千瓦的涡轮发油机组和1台800千瓦柴电机组，推进装置为2具7叶固定螺距螺旋桨；艇体近似于水滴形，阻力小，水下最大航速32至33节，水上最大航速15节，电力推进航速5节；艇员编制107人，自持力120昼夜。

"奥斯卡"级潜艇是冷战时期的

产品，其主要任务是对美国航母编队作战。因此，潜艇上配备有威力很强的武器系统。最令美国海军畏惧的是24枚"花岗岩"巡航导弹，艇体中段两舷有12具倾斜发射的巡航导弹发射筒，北约称此巡航导弹为SS-N-19。这是一种中远程、超音速(2.5马赫)、超低空掠海飞行的反舰导弹，弹长约11米，弹径约1米，翼展2米；发射重量5吨～7吨，既可装高爆炸药，也可装35万吨级TNT当量核弹头，弹头重750千克；采用指令修正惯性制导和主动雷达制导，最大射程500千米，利用艇上声呐探测目标时射程为55千米。俄罗斯海军还曾在"奥斯卡"级潜艇上试验改装SS-N-24远程巡航导弹，可将1枚100万吨级的核弹头发射到4000千米之外。它在飞行中具有较强的抗干扰能力，在雷达未制导阶段有很高的瞄准杀伤目标的能力，可对相距500千米左右的敌方航空母舰构成巨大威胁。

另外，艇体前部还有8具533毫米和650毫米的鱼雷发射管，可用于发射SS-N-15鱼雷(类似美国的"沙布洛克"火箭助手鱼雷)，以及其他型号的鱼雷和SS-N-16反潜导弹。

俄军方称，在紧急时刻，下达关闭核反应堆的命令，是俄罗斯军人英勇牺牲精神的表现。

成功打开"库尔斯克号"逃生舱的挪威潜水员证实，艇体虽破，但反应堆部分没有发生破损，暂时没有核泄露情况。

"库尔斯克号"留给世人的世纪之谜，终于在2001年末前初露端倪。10月8日，沉睡在巴伦支海海底14个月之久的"库尔斯克号"艇身被打捞出来，由大型驳船拖到摩尔曼斯克港口的浮动船坞。以俄罗斯总检察长乌斯季诺夫为首的调查组于10月25日进入艇身的一些隔舱。他们得出的初步结论是：鱼雷爆炸是潜艇失事沉没的原因。但鱼雷为什么会爆炸，仍有待进一步查清。

赛特斯号潜艇超载失事

每艘舰船都有其限定的人数，如果超载就将造成严重的后果。在这方面有许多前车之鉴，英国的"赛特斯号"潜艇就是一个典型的例子，它在试航中因超载而失事。事情发生在1939年6月1日，当时"赛特斯号"潜艇从利物浦船厂码头出海试航。"赛特斯号"潜艇排水量为1100吨，船身有半个足球场那么大，但船员编制仅为53人。上午11点整，英国潜艇指挥官奥来姆上校等50人登上潜艇实习，艇内人数由53人一下上升到103人。由于增加了这些编外人员，"赛特斯"号严重超载，这为后来的事故埋下了隐患。

在103人登艇完毕后，船长波罗士下令起锚。这时，"赛特斯号"却出现了意想不到的故障，系在码头上的钢缆被解开后，一下子冲到了水里。水手们反复几次才把这些钢缆拉

到艇上并固定好，随后，潜艇向预定的水域驶去。这次小小的意外给"赛特斯号"的前途蒙上了一层阴影，它似乎已经向人们预示了此行的凶险。到达预定海域后，按照事先的计划，"赛特斯号"将立即下潜。接到船长的命令，水兵们按规定要求向潜艇注水。可半个小时之后，潜艇仍然浮在水面上，没有丝毫下沉的迹象。显然，潜艇在某些方面出了问题。船长波罗士焦急不安地按顺序查找失误的原因，他猜想原因可能是鱼雷发射器没有注水。原来，"赛特斯号"共有6具鱼雷发射器，在不装载鱼雷的情况下，它们必须全部注满水，否则潜艇的潜水速度将受到影响，并且会导致潜艇在首潜时因重量不足而无法入水。

事实证明，波罗士判断正确，鱼雷军士长米切尔在检查后发现，鱼

雷发射器果然没有注水。于是，船长命令由伍兹上尉指挥，向鱼雷发射器注水。伍兹上尉接到命令立即下令："打开鱼雷管后盖，注水！"。可水兵们的回答却是："5号后盖打不开！"听到这个回答，伍兹上尉十分生气。他以为下属偷懒不出力，就说了一句："我来帮忙！"随后亲自上阵，和水兵一起试图打开5号发射管。费了好大力气，盖子终于松动了一点儿。在他们正想加力的时候，海水一下子冲掉了盖子，并大量地涌了进来。伍兹急忙大声喊道："快去报告控制室，舱内进水！急吹主水柜！"

接到消息后，控制室立即打开主水柜猛吹。可是这并不能阻止海水的涌入，只一会儿工夫，海水就冲破了第一道防水门。万般无奈之下，水兵们只得放弃了第一道防水门，勉强关闭了第二道防水门。此时，第一道与第二道防水门之间已经充满了海水。更严重的是，由于舱内进水太多，潜

艇超员又近一倍，"赛特斯号"已经开始倾斜下沉。在很短的时间内，倾斜角度竟已达40度！

这时，"赛特斯号"的情况已十分危险，因为潜艇在水下无法补充空气，而舱内的空气仅够53人呼吸3小时，如今竟有103人，大家在这么少的空气中还能支持多久？在这种情况下，船长波罗士下令放出失事浮标。

由于种种原因耽搁了消息的传递，直到18时15分，潜艇基地才收到这一消息，他们立即向事发海域派出了救援船。

然而，远水解不了近渴，救援船直到第二天早上也没有找到失事的"赛特斯号"。此时，"赛特斯号"舱内空气已严重恶化，氧气越来越少，二氧化碳浓度不断升高，大部分船员呼吸困难，有些人甚至已经无法站立。见此情景，船长波罗士认为不能再坐以待毙，他派奥来姆上校和伍兹上尉穿上潜水服，浮上海面传递消息。

几经周折，奥来姆和伍兹终于浮出了海面，但他们已经是奄奄一息。幸好，一艘经过这里的爱尔兰船只发现了他们，将他们救上船。船员们从他们胳膊上缚着的纸条上得知了"赛特斯号"遇险的消息。不久之后，这艘船遇到了正在寻找"赛特斯号"的救援船，他们当即向其通报了得到的消息，并将救起的两人交给了对方。救援船从纸条上得到了"赛特斯号"失事的准确位置，立即向那里全速驶去。可是，耽误了这么多时间，毕竟为时已晚，"赛特斯号"已经在劫难逃。

时间一分一秒地过去，救援船终于赶到了事发现场，他们立即展开了救援工作。可是，因为"赛特斯号"的情况特殊，多种救援方案在实践中都遭到失败。其中最有效的一种方案是割开舰体，由于钢缆无法承受沉重的舰体而断裂，这一方案也未能幸免。不得已，救援工作陷入了僵局，救援船只得派出4名潜水员潜入水中，用手锤猛烈敲击舰体。可以想象的到，在厚厚的舰体面前，这种办法终究无济于事。

最终，救援工作完全失败。除了奥来姆、伍兹等4人以外，留在"赛特斯号"舱内的人员全部丧生。

奥基乔比湖风暴

1928年9月10日,这是一个值得奥基乔比湖地区居民纪念的日子。就在这一天,风光旖旎的奥基乔比湖遭到了大西洋飓风的袭击。这股飓风生成于非洲海岸,在它侵袭奥基乔比湖地区之前,已经以每小时370千米的速度,先后扫荡了加勒比海地区的瓜德罗普、波多黎各、多米尼加、巴哈马群岛等地。在那里,掀起巨大的海浪,招致洪水泛滥,疯狂地扫掠无数的建筑,夺去数以千计的生命。

之后,它又携带着暴雨,游窜到美国佛罗里达州,来到奥基乔比湖地区。与飓风结伴而来的暴雨可是飓风的老拍档。一直以来,它跟着飓风,可干了不少"坏事"。

朴实无华的奥基乔比湖堤外部要抵挡飓风的狂吹乱刮,内部又受一向

相安无事的湖水的推撞逼迫，不禁痛苦地呻吟起来……

"轰隆"一声，奥基乔比湖堤终于经受不起折腾，溃烂决口。湖水喷涌而出，向湖周围的居民建筑群迅猛地冲去。

面对突如其来、奔腾直下的湖水，一部分市民吓呆了。他们惊惧得迈不开双腿跑动，只是呆呆地站在自家的窗前，亲眼看着汹涌的湖水冲进屋来，将自己席卷而去。有的人刚听到湖水奔涌的声音，身体已泡在湖水中；有的人刚来得及爬上一棵粗壮的大树，湖水紧跟着就涌到树下，强大的冲击力使树干摇摇晃晃，树上人纷纷被击落水中；还有的人及时跑到高地势的山坡，却眼睁睁地看着自家那片社区的房屋随着浩荡湖水的漫延，大多纷纷倒塌，使本来已很混浊的水流更加肮脏。

家具、牲畜和亲人不断地从站在高地上的人们眼前漂过。风仍在没完没了地疾吹，稍不留神，就会被风卷走。水流实在太急了，往往不过几分钟，刚才见到的东西就漂得无影无踪。

面对幸存者的责难，暴虐的飓风丝毫没有愧悔的意思，继续呼啸着与暴雨携手扬长而去。

飓风渐渐远去，洪水慢慢消退。奥基乔比湖周围一片废墟，崩塌的房子比比皆是。没有倒塌的房子，外墙和地板全糊了一层厚厚的泥浆。被洪水冲刷过的房子里空空如也，椅子、桌子、箱子和床全漂走了。泥泞的街道上，处处堆积着杂物和人畜尸体。经过清理，人们陆续掩埋了2500具人的尸体。

远处，那道残破的长堤静静地矗立在湖边，默默地观望着这一片杂乱颓废的地区……

2500条生命和2500万美元的物资损失，使奥基乔比湖地区的居民们余悸未了。他们集体向联邦政府强烈要求，要重筑一道更加坚固的湖堤。公民们的呼吁于1930年引起当时的美国总统赫伯特的重视。他亲自拨款500万美元，让湖区的居民重修防洪长堤。于是，一道136千米长、12米高的石堤在奥基乔比湖畔耸立起来，直至今天。

卡斯基依·别尔维尔号的爆炸

1983年7月底，一艘载重量为27万吨的西班牙"卡斯基依·别尔维尔号"大油轮，满载原油从波斯湾起航，绕过好望角，向欧洲驶去。8月5日下午，油轮驶入大西洋不久就遇上了恶劣天气，经过几番周折，油轮才安全地通过了开普敦市。可是，在当地时间1点30分，油轮中部突然发生爆炸，紧接着船体左舷出现了一条大裂缝。刹那间，引燃的原油从破裂的船舱中涌出，烟雾腾腾，火光冲天，流出的原油沿左舷向船首和船尾蔓延。几分钟后，"卡斯基依·别尔维尔号"就变成了一个烈焰冲天的火炬，而周围成了一个烈焰熊熊的火海。

1点48分，船长冒着生命危险发出了求救信号。接到信号后，开普敦市立即派出5艘救生拖船，当时油轮距开普敦有70海里。几艘离出事地点不远的货船和渔船也赶来救援。油轮上的火势异常凶猛，不得已，船员们都跑到了船的两头。2点10分，船长命令全体人员离船，此时油轮周围几乎都被烈火和浓烟所笼罩。3小时后，一艘拖网渔船首先赶到，把26名遇难者救上船，其中包括船长和两名妇女。随即赶到的一艘集装箱船和一架直升机也各自救起一名船员。

不久，5艘救生船也赶到了现场，但由于风大浪高，烈火熊熊，救生船无法靠近油轮，挂不上拖钩。猛烈的西北风把浮油和船体慢慢吹向陆地，严重威胁着非洲海岸人民的生命安全。

为防止火势蔓延到海岸，两艘救生船停在岸边待命，三艘救生船使用化学剂灭火。但此时浮油的面积已达20平方千米以上，看上去就好像整个大海在燃烧，任何灭火器都已无济于事了。

更为糟糕的是，8月6日上午10点，海风骤起，风大浪急，风助火势，火借风力，一个大浪涌起，只听得"轰隆"一声巨响，油轮从中部断成两截，更多的原油流了出来，火势也更猛了。破裂的船体漂浮在海面上，随时都有再爆炸的可能。

一夜之后，油轮残体和浮油离海岸只有25海里了。8月7日凌晨4点36分，船的后半截又发生一连串的爆炸，并很快沉入海底。据专家们推测，油船后半截船舱中至少还有10万吨原油，其中一部分原油正从400～500米深的海底缓慢地向海面漂浮。不过幸运的是，此时西北风逐渐平息了，代之而起的是轻微的东南风。在东南风和海流的作用下，浮油开始向西北漂去，逐渐远离了海岸。

船的前半截仍在海上浮动，并以每天1.5～2米的速度沉向海底。船头在原油的重力作用下直立着，露出海面大约有20米高。船舱里的油还在不断地流入大海。8月7日午后，天气完全好转。拖船在直升机的协助下，给船的前半截挂上一根锚链，使它停在原地。下午4点50分，拖船开始缓缓地把油轮的前半截拖向外海。经过几天的努力，油轮的前半截于8月12日在离海岸100海里的地方沉入了2000

米深的海底。

从表面上看，一场更大的灾难避免了。但是，装有10万吨原油的油轮的后半截还沉在离海岸仅有25海里的海底，它像一颗"定时炸弹"一样，时刻威胁着沿海人民的生命安全。而且，船舱中的原油还在不断地向上漂浮，长达40海里的浮油组成了一条乌黑的"海中河流"，污染着海洋，毒害着海洋生物。此外，从油轮爆炸起火的那天起，就有大量黑色烟云被风吹到陆地上，整个沿岸地区如同下了一场"黑雨"，农田和牧场被油烟所覆盖，纵深达100多千米。

美国衣阿华号战舰大爆炸

有战争就必然有伤亡。很难想象，一艘军舰在近半个世纪的战斗生涯中，多次参战，却始终没有一名军官和士兵阵亡。它就是美国的"衣阿华号"战列舰。45年里，它一直保持着这样一项令人惊叹的纪录：在参加第二次世界大战和朝鲜战争的整个过程中，该舰没有一名官兵阵亡。

然而，天有不测风云。这艘在战火中安然无恙的军舰，却在和平时期的一次军事演习中发生爆炸，47名水手死于非命。这次事故不仅震惊了美国政府和全体国民，而且给世人留下了一个难解之谜。

1989年4月13日，"衣阿华号"战列舰和"珊瑚岛号"航空母舰以

及其他28艘各式军舰奉命来到波多黎各东北部海域，参加为期20天的代号为"舰队3—89"的大型海上军事演习。参加这次演习的不仅有美国舰队，还有巴西和委内瑞拉等国的舰只。"衣阿华号"这艘在战争中大显威风的战列舰又大显身手，舰上的406毫米口径的大型火炮，堪称当今世界大炮之最。这些大炮好不得意地在大西洋广阔水域不断轰鸣。

演习进行到第7天，也就是4月19日，厄运突然降临"衣阿华号"。这一天晴空万里，碧波万顷，"衣阿华号"上的全体官兵精神抖擞，都想趁此天赐良机，再显身手。这天"衣阿华号"的主要演习项目是他们的拿手好戏——射击。根据安排，舰上的3座炮塔共9门406毫米的巨型大炮，将轮番向23海里以外的活动目标射击。一号炮塔的3门火炮首先开火，一发发有"大众"牌小汽车那么重的巨型炮弹，从7层楼高的塔中射向远方的目标，火炮的轰鸣声震撼云天。

一号炮塔按命令进行了4轮射击后，舰长向二号炮塔发出了开火的命令。可是他话音未落，二号炮塔突然传来一声巨响，紧接着大火燃烧起

来，浓烟滚滚，火光冲天。炮塔中有数千个炸药包和900发巨型炮弹，如果这些炸药包和炮弹爆炸，后果是不堪设想的。在舰长的指挥下，水兵们全力以赴地投入救火，利用舰上一切可以利用的灭火设备奋不顾身地进行扑救。经过一个半小时的搏斗，二号炮塔的熊熊大火终于被扑灭。然而，47名水手却惨死火中，二号炮塔中的58名官兵只有11人死里逃生。

在失事现场，二号炮塔的上层受到了严重破坏。在突如其来的爆炸中，炮尾的5名士兵死得最为悲惨，他们全部被大火烧焦，炮塔最上层的22名士兵是被力量巨大的热浪夺去生命的，其余的则是因窒息而死。幸存的11名士兵在最下层工作，坚固的舱板保住了他们的性命。他们也曾一度被死神困住，直到高压水流将周围的大火全部扑灭，他们才迅速砸开舱门，从死神的魔掌中逃出。

曾经被授予11颗"战斗星"的"衣阿华号"战列舰披上了黑纱，以悼念47名死难的官兵。第二天，被炸得伤痕累累的"衣阿华号"不得不提前驶抵波多黎各的罗斯福海军基地，经过简单的修理后，于23日返回弗吉

尼亚的诺福克。

爆炸后的第二天下午，47名蒙难官兵的尸体被装进用美国国旗包裹的棺木，然后装上一架C—5"银河号"巨型运输机，由波多黎各的罗斯福海军基地迅速运到美国的特拉华州空军基地。按照美国海军的传统，为死难者举行了隆重的悼念仪式，美国海军部长威廉·鲍尔亲自率领100多位中高级军官出席。21日，美国首都华盛顿国会大厦、白宫和五角大楼以及大西洋舰队的诺福克基地均下半旗志哀。布什总统也于24日亲自前往诺福克港参加遇难水兵的追悼仪式。

台风袭击香港

按照传教计划，香港大名鼎鼎的维多利亚的主教霍尔博士和他的四名均是三等海员的学生，一起驾驶着他那宽敞舒适的私人游艇"先锋号"，出了香港港口。

开头的航程极其顺利。一路上风和日丽，蓝天白云，海鸥翻飞，美不胜收。4天后的傍晚，原本微微泛浪的大海突然不起一点波纹，天气闷热得很，远远传来阵阵奇怪的响声，船上的人都同时闻到从海里飘散出的恶臭……

真糟糕！富有经验的霍尔主教预感不妙，观测后的数据表明，一股强大的台风正向他的游艇方向移来。要避开这场风暴显然已经来不及了，因

为站在舱外的一名学生正用颤抖的手指着前方，恐惧地呼喊着："白马！白马！……"

在香港，大多数人都知道，"白马"指的是向前奔腾的白帽巨浪，它常在强台风来临时出现。航行在海上的船只一旦遇到"白马"，必定船毁人亡。不幸得很，霍尔和他的学生们驾驶航行的"先锋号"迎面遇上了"白马"。转眼间，先是船舱和船身分了家；而后，台风吞没了霍尔主教和他的学生们……

与此同时，香港气象台也发现了这股迅猛扑来的台风。晚上8点40分，香港上空响起了台风信号枪声。可是，风速实在太快了。警报才响过20分钟，台风就从西面在香港港登陆。

刹那间，昔日平静安全的海港掀起了万丈巨浪，天空中电闪雷鸣，大雨滂沱。当时停泊在香港港的11艘大船、22艘中型船只和2000多只舢板、帆船都被风婆婆的大手撸翻。

即使是上千吨的大船也不能幸免。2000吨重的美国邮轮"希奇科克号"被台风吹离海面，晃晃悠悠地越过海湾，像破旧玩具一般，被抛落在海滩上；1698吨重的德国轮船"波特拉奇号"先被台风掀翻，压在"埃玛·露易肯号"和"蒙特埃格号"上，然后，又被台风"请"到了九龙码头；装备精良的法国水雷驱逐舰"弗龙德号"被巨大的海浪"送"上海滩后，又被时速达160千米的狂风卷起，恶作剧地让它不断地在半空中表演着翻筋斗的杂技。

也许是停泊在港口的大中型轮船较多，阻挡了一部分风力。因此，不少停泊在港口及其附近的灵活小巧的舢板和其他小船侥幸暂时逃脱了风婆婆的魔掌。

环礁湖，是一个由一条木质大吊桥与港口隔开的三面礁石林立的天然海中小湖。平时，这里的水域总要比港口平静得多，只有小船才可以在吊桥升起时划进去。在以往香港港遭台风袭击时，这个小湖保护了不少小船只。所以，当这次台风来临时，大家都想当然地断定那里肯定是一个较安全的避风港。船工们深信这一点，那些整日在码头上搬运的数以千计的苦力们也坚信不疑。然而，事后这个小湖没有看到一只完整的小船。大约有8000人沉入海底，消逝在汪洋之中。

这些志愿者中，有一部分是在兰楼公司服务的中国雇员。风暴初起时，看到各种船只接连翻覆，许多人掉进了水里，兰楼的老板罗杰就命令他的中国雇员们前往营救。当即有几十人二话没说，挺身而出，抓起竹竿、绳索，向风雨飘摇中的码头奔去，及时救起了数百名落水的外国船员。

风婆婆不仅在港口地区"玩"了个够，还闲荡到了九龙地区；在这里做着破坏性极大的游戏。好几百间木结构的房屋被掀翻了屋顶。许多未完工的建筑工地上，脚手架被吹散了架。那些搭脚手架的竹片木块顷刻间成了杀伤力极大的飞刀、飞镖，在九龙的上空肆意飞舞。成百上千的人被击伤、击倒。还有不少人被钉在了房屋和树上，其状惨不忍睹。输电线早被刮断，却不落在地面上，反而在风中跳起了"摇摆舞"。劈劈啪啪，断头处不时施放出耀眼的电火花。

第二天凌晨约1点，风婆婆终于慢慢离去。可是，这时的香港已被毁得面目全非。

这场灾难中，共有价值2000万美元的房屋建筑和船只被毁，1万多人丧生，其中有20名欧洲人。事后，人们在一片片残破崩塌的房屋群中看到，大多数外国人居住的砖墙结构的寓所，除了个别玻璃窗被刮破外，几乎完好无损。这不能不说是一个发人深省的问题。

扬武号舰队全军覆灭

1872年8月22日晚上那天，船政局工程队长魏汉刚进他的宿舍，迎面走出一位尖鼻子黄眼珠的洋人，他就是法国总教司迈达尔。他跟魏汉是好朋友，马尾船厂是法国人设计建造，迈达尔是学堂教员，他反对法国人发动侵略中国的战争。他已经接到领事馆的通知，8月23日中午要对中国舰队发动战争。得到这个消息，他就立即赶来向魏汉通报，要中国方面赶紧采取措施。

魏汉立即找到舰队统领何如璋，要求连夜下令发放弹药。何如璋不敢答应，又去找钦差大臣张佩纶商量。这家伙玩妓女作乐，早晨9点才起床相见。

"大人，据迈达尔先生报告，孤拔今天中午要向我舰队开炮，战争非打不可了。"

"咳！你难道也随人言而浮动了么？"

正在这两位大人商谈时，门外一片混乱。魏汉和"扬武号"管带代舰队指挥张成等上百人拥进来，大声呼喊："法舰已经升火，恐有不测。"

"大人，赶紧发弹药，赶紧升火备战吧。"

张佩纶刚出门，一官员满头大汗给他递上一封鸡毛信。张佩纶一看就一脸惊色，福建浙江统兵通知和谈破裂，立即备战迎敌。到了开战前2个小时，张佩纶才下令发弹备战，白白耽误一个月时间。

"扬武号"的舢板正在忙着装运炮弹，所有舰船都抛着锚，突然法国舰队向马江舰队开火了。马江舰队来不及起锚，只得举起劈斧，砍断锚链仓猝回击。法军的第一排炮弹就击沉了中国两艘木质军舰，又打伤了数艘。

"扬武号"上的见习官詹天佑，正在舢板上搬炮弹，一发炮弹在周围爆炸，气浪把舢板掀翻，把他抛进了海里。他回身一看，"扬武号"已经被法舰包围其中，双方展开了激烈炮战。他拼命游向岸去，那里刚好是一座炮台，正在向法国旗舰"伏尔他号"开火。詹天佑主动去参战，帮助搬运炮弹。

在十分不利的情况下，福建水师奋起反击。"扬武号"旗舰用尾炮瞄准法旗舰"伏尔他号"开炮，第一发炮弹就击中敌舰桥，爆炸的弹片击毙引水员和5名法国水手，有块弹片穿过了法舰队司令孤拔的帽子，使他险些丧命。

"扬武号"想趁机冲出敌舰包围，占领顺太阳的方向，有利瞄准射击。在它转舵时，法国46号鱼雷艇突然从侧翼冲过来发射鱼雷。轰隆一声巨响，这枚鱼雷命中"扬武号"中部，左舷受到致命打击，"扬武号"顷刻间进水开始往下沉。

詹天佑所在的岸上炮台，拼命援救"扬武号"旗舰，他大声喊着："快！快！朝46鱼雷艇开炮！"轰隆连续两弹，不偏不歪，正好命中46号敌艇，使它猛烈爆炸，在烈火浓烟中沉没。

"扬武号"受重伤之后，管带代统兵张成擅离职守，放下小艇就逃命，扔下"扬武号"和舰队不管了，都各自为战。

"扬武号"上官兵，依然奋勇抗敌，他们的前主炮又有一枚炮弹击中"伏尔他"号。但同时也被数枚敌炮弹击中，很快两门主炮都被炸坏。"扬武号"开足马力，向浅滩冲去，搁滩之后，水兵们奋勇灭火，但火势越来越大，最后被烈火吞没。中国历史上第一艘木质巡洋舰就这样消失了。

在旗舰"扬武号"受重伤开始下沉时，"福星号"、"建胜号"、"福胜号"3艘铁质炮舰，急速驶来援救，3舰集中火力向敌舰发炮攻击。这时法方45号鱼雷艇，向"福星号"冲来，妄图施放鱼雷。"福星号"上士兵用步枪、手榴弹狠狠阻击，一颗枪弹击中驾驶台敌艇长拉都的眼睛，另一颗手榴弹在鱼雷管附近爆炸，把鱼雷操纵手臂炸飞到半空。贼艇不敢再靠近，立即转向逃跑！

"扬武号"冲滩之后，"福星号"成了敌舰围攻的重点目标，炮弹密如雨下，士兵伤亡过半，"福星号"百孔千疮。但舰长陈英屹立驾驶台，威武不屈，他对水兵们大声说："此吾报国日矣！今日之战，有进无退！"他的英勇行为感染了全体官兵，大家高喊："跟法国佬拼了，誓死不返！"

陈英下令开足马力，向旗舰"伏尔他号"冲去，所有枪炮一齐开火，吓得孤拔喊着："快！快！转舵！"但"福星号"火炮口径小，击不中敌舰要害。陈英被炮弹炸死，三副王涟继续指挥战斗，不幸被一枚鱼雷击中而开始下沉。敌舰把它围住想俘获，士兵们展开肉搏战，一位水兵点着弹药库，70名官兵壮烈牺牲。

"福星号"下沉之后，"建胜号"、"福胜号"同样英勇奋战，不畏强敌，也先后被敌弹击沉。最后马江10艘舰船全军覆灭，成了中国海军历史上第一场大悲剧。

中山舰悲壮遇难

1938年秋，骄横的日军在攻陷北平、上海、南京等大城市之后，又集结大批兵力准备对武汉发动攻势。震惊中外的武汉会战将要开始。在会战临近之时，"中山"舰因上海、南京失守，在岳阳江面上锚泊。这天，"中山"舰接到命令开赴武汉，舰长萨师俊命令起航。"中山"舰在长江里顺水而行，由于战事吃紧，长江水道上已经没有几艘船在航行，能看见的只是沿岸被敌机炸坏的房屋和新修筑起来的一些简易工事。"中山"舰航行到金口镇就停下来了。金口镇离武汉约26千米，上级命令"中山"舰在这里停泊，担负从金口到新堤一带的江上警戒任务。

"中山"舰原名"永丰"舰，是清朝政府用68万日元从日本三菱工

厂订造的战舰。舰长62.1米，宽8.9米，满载排水量780吨。主要武器是8门不同口径的火炮。航速3.5海里。当时，"中山"舰由于多次参加战斗，舰上的许多装备已经失修，加上为了守备长江上的一些要塞，上级命令把舰上的主、副炮拆下，安装在江岸上，当岸防炮使用。到参加武汉会战时，舰上只剩下瑞士造70毫米火炮2门，英国造火炮2门，还有法国造高射机枪2挺。尽管如此，全舰官兵仍然斗志昂扬，为保卫武汉，决心与日军血战到底。

10月24日上午，一架日军侦察机飞临"中山"舰上空，萨舰长拉响空袭警报，全舰做好战斗准备。不多时只见日军侦察机在上空不断盘旋，而且越飞越低。萨舰长命令高射炮向敌机开火，几个点射之后，敌机仓皇逃走。萨舰长根据此情况判断，一场恶战即将爆发。于是，命令全舰严阵以待，准备战斗。这天还不到中午，全舰官兵就提前午餐，枪炮部门根据舰长的命令检修火炮，文职人员也被分配到枪炮部门搬运炮弹。航海、帆缆、轮机等部门根据舰长的命令，检修了设备，做到

一声令下，能立即起航。

中午时分，"中山"舰接到命令，即刻升火起航，驶往汉口，执行任务。萨师俊舰长站在驾驶台上，发布起航命令，指挥帆缆部门起锚。大约刚把锚起出水面，只见6架日军轰炸机从远处飞来。日机目标一出现，萨舰长就命令全舰投入战斗。不一会，6架日军飞机飞临上空，这时舰上的两门高射机枪和其他火炮一起向敌机射击，顿时，军舰上空就织成一张密集的火网，使敌机无法低空投弹。就在日机发动第二次俯冲投弹攻击时，舰上的所有火炮对准飞得很低的敌机猛烈扫射，两架日机被击中，只见起火的敌机拖着浓烟栽到江中。见此情景，全舰官兵，一片欢腾。正当官兵们打得起劲的时候，突然，前甲板上的高射机枪停止射击。原来是枪械老化，机械出现故障。高射机枪一停射，4架敌轰炸机乘机向"中山"舰俯冲下来，轮番投弹，疯狂轰炸。一颗炸弹落在左舷不远的水面上，激起几米高的水柱，接着舰身在水面上猛烈摇晃。有人在甲板上倒下了，不一会又传来消息，舵机舱漏水，轮机失去操纵能力。正当萨舰长

指挥排除故障的时候，两架敌机又俯冲下来，接着五六颗炸弹落在甲板上。一声接一声地爆炸，锅炉舱中弹，江水涌进舱里，指挥台被炸塌，右舷火炮被炸毁，堆放在甲板上的弹药被引爆，炮弹的爆炸声接连不断。顿时，前后甲板上一片火海。由于舰体多处进水，开始逐渐下沉，舰体倾斜，形势十分险恶。这时，在驾驶台上的萨舰长已身负重伤，他望着全舰一片火海，忍受着伤痛，依然在指挥全舰灭火。他不时喊道："一定要坚持住，战斗到最后，剩下一兵一卒也要打下去！"此时的"中山"舰烈火熊熊，全舰官兵死伤过半，然而剩下的人，仍在拼死抵抗。高射机枪被炸坏了，几个水兵就拿起手提机枪对空射击，决心与"中山"舰共存亡。但是，"中山"舰终因受创过重，舰体逐渐沉入江水中。以萨师俊为首的25名官兵壮烈殉国。其他官兵落在江水中，在生死关头，被当地渔船搭救生还。

"中山"舰在长江金口镇与日寇的一役，轰动了全国，在中国人民抗日战争史上写下了辉煌、悲壮的一页。

理查湾520米巨浪

1958年，在美国阿拉斯加地区的理查湾，曾发生过一场有史以来最大的海啸，其波峰高达520米，远远超出人们的想象。

理查湾位于阿拉斯加南岸，圣特列斯山脉西边的海岸线，是比较平滑的，理查湾打破了这种单调，使得海岸线曲折起伏，向陆地深深地凹陷进去。粗看起来，这不过是极小的海湾：纵深不过11千米，最大宽度3.2千米。这片细长、中间宽阔的水域在湾口处，迅速变得特别狭窄。低潮时，湾口处仅300米宽，水深仅10米左右。但理查湾的海底很深，中央

处水深达216米。而且在海湾左右两上湾岔的深处，又分别有理查冰川与北克利伦冰川流入。再加上它所面临的太平洋是海底地震多发区，海湾深处有两条贯穿冰川的东南—西北走向的弗亚维匝断层，理查湾便具备了发生海啸的条件，历史上曾发生过多次海啸。

1958年7月9日下午10点，理查湾一带接近黄昏。这片人烟稀少的辽阔河山，锦绣如画，万籁无声，看来并没有什么异常。海面上风平浪静，停泊在湾内的3只拖网渔船上，人们已经入睡。10时10分左右，理查湾深处的弗亚维匝断层，突然发生了地震，震级为里氏7.9级。地底岩层像痉挛一样不停颤抖，发生断裂、碰撞。海湾深处耸立着的陡峭悬崖，发生了大片崩落。一块约90米厚、700～900米长，总重量约9000万吨的巨大岩块以泰山压顶般砸向吉尔伯特湾岔的海面，发出震撼山岳的巨响。巨大的重力激起巨大波浪，地震和山崩引发了这次历史上最大的海啸。

在山岩迅猛扑落时，海水受到骤然冲击，像受惊的兔子那样直窜出去，迅即矗起，形成了高速传播的巨大波涛。滔天巨浪在海水的支撑下，越过山脚，一直向南方挺进。洪峰首先到达的地方是理查湾南岸的一片陡峭的悬崖，在那里，巨浪的冲击高度达240米，水柱直冲云霄，接着又向北岸反射回去。巨浪搅动了海湾里的海水，使得水面异常动荡和混乱，水说不上是往哪个方向流动。波浪向海湾口涌去时，大约有540米宽，它向前翻滚着、扩展着，没有后浪驱赶，简直是从海湾下面跃上来的。在海湾中间，波峰形成30多米高的水墙，滚动的水墙像成千上万头凶猛的野兽，争先恐后地向海湾口扑去。波浪是直立着急剧向前运动的，甚至在横越海湾中的赛诺塔夫岛时，也没有被岛划碎冲破，波浪的高度约15米，像一座整体移动的水上山峰。

山崩同时引起了冰崩。海啸时，大量的冰块由冰川滑落，飞向海湾，又被巨浪裹挟着在空中翻滚。它们促使海啸以更大强度推进。第二天，人们在理查湾深处发现了大量的冰块，又大又明亮，特别显眼。一些大冰块的直径达30多米。一些冰块上夹杂着岩石碎片。在理查冰川接近海湾岔的末端，冰川后退了300多米，其原来的末端为一弯曲的三角洲形状，海啸后变成了陡峭的悬崖。

根据美国地质所顿·米拉博士的实地考察测定，巨浪的最高处在吉尔伯特湾岔西南突出的山脚下，也就是发生大片山崩的对岸。根据波浪所侵蚀的界线，米拉博士测定，巨浪扑到山坡上的高度为516米。而在这最大高度的地方，专家们步入树林时发现，海水曾淹没树干达数米。以此完全可以推断，巨浪高度为520米——这是历史上最大的海啸，它比此前记录的最大海啸还要高出7倍！后来进行的模拟实验证明这一结论是可靠无疑的。

海啸对人的打击并不大。由于经常发生海啸，这一带居民很少。当时海湾内有三只渔船，埃德利号船的缆绳被海浪击断，这只孤舟像一片树叶被巨浪托举着，越过海岸，向岸的南边直抛过去，然后又被巨大的波浪拖回到海湾里，幸而船主乌利希与他7岁的儿子平安无事。巴加斯号渔船被抛向堤坝上空，被抛起的高度至少达25米。在巨浪的浪峰上。船尾在前，径直朝下，猛烈地跌落下来，简直像表演一场空中飞舟杂技，令人心惊胆战。船已无法操纵，任凭狂涛抛跌，最后船底被撞穿，沉没在浪涛中。船主斯温孙夫妇靠一只小小的救生艇，在浪涛中颠簸了两个多小时，被一渔船救起。斯温孙自始至终目睹了这次有史以来最大海啸的发生、发展的过程，是这次事件最权威的见证人。圣玛号船是最不幸的，它在海湾口的南侧遇上灭顶之灾，船上的人全部葬身鱼腹。

这次海啸的持续时间并不长，只有25～30分钟，也没有造成较大的人员伤亡和财产损失。但其520米的巨浪高度几乎是不可逾越的，成为世界灾难史上的一大纪录。

11·24海难记录

烟台至大连海上航线是华东地区通往东北三省的交通要道，每年大约有350万人和20万辆汽车在这里渡海穿行。

从地图上看，山东半岛和辽东半岛像是两条伸出的手臂，拥抱着渤海。烟台和大连这两座美丽的海滨城市恰似半岛上的两颗明珠，隔海遥望。它们中间是一道80多海里的渤海海峡。这道水域为两个城市的交往提供了极大便利。如果用汽车运一车煤，走旱路需要几天时间，从水路上走仅需要7个小时。因此，这道水域便成了热闹的水上贸易通道。一些满载着各种货物的卡车从烟台或从大连开上轮船，经过7个小时的航行后，再把汽车开下轮船，然后，或在当地卸货，或把货物再运到其他地方。

客货滚装船就是这样一种既可载车又能载人的船。

1999年11月24日下午，烟大公司的客滚船"大舜号"从烟台起航开往大连。这艘"大舜号"轮长126米，宽20米，总吨位9843吨，是烟大公司在1999年2月份以650万美元从日本买来的一条有16年船龄的旧船。

起航时，在舱内共运载

各类车61辆，其中绝大部分是载满各种货物的卡车；乘客262人，另外还有船员40人。

船长曲恒明，40多岁，威海水校毕业。

当天11时烟台气象台发出寒潮大风警报：受西伯利亚一股冷空气影响，烟台沿海海面、渤海海峡风力逐渐增加到7～8级，阵风9级，冷空气前峰过后，气温将明显下降10℃。

11月24日又恰是农历十七，是大潮日。

寒潮如期而至。

此时，如果一个有经验的航海人在感受了外面的恶劣天气后，再走进装运车辆的大舱，他一定会得出这样的结论，此次航行凶多吉少。

11月24日早上交接班，调度室汇报当天的天气预报后，烟大公司总经理高峰要求副经理朱绍彬通知海监室工作人员"风浪较大，注意安全，加强绑扎"，但并没有因风浪大而安排停航。正在大连出差的海监室副主任张绍坤也特地打来电话，提醒"大舜"轮要仔细检查车辆系固情况，并曾建议过"大舜"轮："风这么大是否不开？"

然而，这些提醒和建议并没有引起"大舜"轮船长的足够重视。船长曲恒明虽然也派人到大舱检查过车辆系固状况，但是去的人却没有认真检查，只是走走过场，敷衍了事。

11月24日12时20分，"大舜"轮在内忧外患中拔锚起航。

13点41分，"大舜"轮驶过烟台港6号灯浮。船长曲恒明将主机定速后，离开驾驶台，由三副指挥出港。15时，风力已高达7～8级，"大舜"轮在大浪的轰击下剧烈颤抖。船长、大副和轮机长先后来到驾驶台。为了缓解和减轻风浪对船体的冲击，船长命令将船速减为12节(每小时12海里)。

15点零7分左右，值班乘警报告：汽车舱内有车辆的碰撞声，车辆可能移动。可是在已经听到报告后，船长既没有派人下去查看，也没有采取任何措施。这是一个致命的错误。

由于风浪太大，15时15分，"大舜"轮船长通过VHF无线电话向公司请示，要求返航。此时，如果公司里能有一位富有航海经验的总船长为他提供科学、有指导性的意见，就可能帮助他摆脱困境，化险为夷。可是，没有。公司成立之后一直没有总船长。以致在这个时候，并无航海经验的总经理高峰只能说一句"在有利于安全的情况下同意视海上的情况而定"——这种绝对不会错，但却不起任何作用的话。现在，只有靠船长的经验和智慧来决定这艘船的命运了。此时，气象条件更为恶劣，风力高达8级，浪高5米。

船长曲恒明下令返航。船速减为10节，并向右转掉头。"大舜号"轮在掉头前，船位一直在顶着西北风行驶，已比既定的航向偏右。在右转弯掉头时，船在风压下大幅度向东南漂移，掉过头的"大舜"轮船位比原来的航向更为偏右。"大舜"轮想回到烟台，就必须向着西南开。船长调整航向为220度，这样"大舜"轮的侧面正迎着风浪。这是航海的大忌。大海仿佛被这种挑衅激怒了，排山倒海的大浪横砸过来，猛烈地轰击着"大舜"轮的船体。船在大浪的轰击下，摇摆达30度。船舱里的车辆在摇摆中相互剧烈地碰撞，有的车辆翻倒了，燃油倾洒出来。大舱里弥漫着浓浓的燃油气体，此时，只要有一个小小的火星，就会酿成灾难，而

产生火星的条件又极具备：汽车金属外壳碰撞产生的火花；汽车电源线短路的打火……

16时21分，"大舜"轮行驶到小山子岛东北约10海里处，驾驶台烟雾报警系统报警：D甲板汽车舱七、八区起火。

200多名旅客站在甲板上，船在风浪中的剧烈摇摆使他们无法站稳。迅速蔓延的大火将通向舵机间的电缆线烧断。

16时35分，左舵机失灵。20分钟后，右舵机失灵。

唯一能够使用的就剩下应急舵，可是，通向应急舵的通道又被大火封堵，无法过去，应急舵无法使用。

正在航行中的"大舜号"没有了舵。没有舵就等于没有了方向，"大舜号"轮只能停车漂航。此后的7个多小时里，"大舜"轮只能随波逐流，任凭风浪摆布。

船舱的大火仍在蔓延，狂风大浪更为肆虐，"大舜"轮的处境十分危险。

16时45分，交通部烟台海监局总值班室接到"大舜"轮遇险报告后，立即报告中国海上搜救中心和山东省

及烟台市有关领导，组织协调烟台救捞局、烟台港务局和当地驻军等方面的船舶开赴现场救援。

17点10分，烟大公司派"烟救13号"前去营救。"烟救13号"是一艘救捞船，2500吨，接到命令后，立即离港开赴"大舜"轮遇险海域。

也就在同一时间，烟大公司另一艘空载滚装船"齐鲁"奉命离港，前往出事海域。

17点25分，"大舜"轮船长为了减轻船舶的摇摆，抛27.5米的活锚一节入水。

此时，天已经渐渐黑下来，渤海海峡笼罩在夜色之中，气温急剧下降，200多名乘客站在甲板上，夜色茫茫，海浪滔滔，更让人感到恐惧。

17点30分，广州海运公司的一艘空载杂货船"岱江号"在返回中途经"大舜"轮遇险水域。"岱江号"接到命令，要求它立即赶往"大舜"轮遇险现场进行救助。"岱江"轮与"大舜"轮通话，希望将船上200多名乘客接走。

"岱江"轮在离"大舜"轮1海里处停车，打开甲板灯。在"岱江"轮经过"大舜"轮船尾时，"大舜"轮船长要求"岱江"轮倒车，从尾部带缆。"岱江"轮船长认为，在这样大风浪中倒车，难以操纵，坚持向左掉头，将右舷靠近"大舜"轮。"岱江"轮采取全速，左满舵，但因风浪太大，却没能掉过头来。后"岱江"轮因主机飞车而停车，想抛左锚协助掉头，但终未成功。"岱江"轮退出救助，救援失败。

烟大公司总经理高峰提出，以两条拖轮用缆绳围"大舜"轮兜个圈，兜着大舜轮往岸边靠。可是，此时的"大舜"轮已严重左倾，气息奄奄。用缆绳兜住大舜轮的建议，在狂风大浪中也极难实施。"大舜"轮像一条受了伤的奄奄一息的大鱼，拖着锚链带着满腹积水，歪着身子，在大水中艰难而缓慢地移动。此时，正值农历大潮高潮，高达4米的大潮使大海更为狂躁，狂风卷起大浪在"大舜"轮周围翻滚、撞击，"大舜"轮又挣扎着向东南方向缓慢地漂了大约5分钟，仿佛所有的力气都用完了，身子一歪，侧躺在水里。船长通过VHF73频道急呼救人，随之鸣放四声弃船信号。好像是为了响应这送终

的信号，"大舜"轮又翻了个个儿，船底向上倒扣在水里。一切都这样猝不及防。

人们还没等醒悟过来，就被活活地倒扣在船里，想逃生都来不及。

直到沉船，"大舜"轮始终没发出DSC求救信号。

一直守候在"大舜"轮附近的"烟救13"、"烟救15"以及海军814船和"烟渔686"等船立即对落水人员进行营救；"烟救13"救起1名；当地老百姓和部队从岸边救起9名，一共救出22名，其余282人全部遇难。

2000年6月1日，"大舜"轮被打捞出水。在船上发现尸体19具，但仍有5人没找到尸体，怕是永远找不到了。这5人中就有船长曲恒明。这位船长永久地留在大海之中。他之所以这样，也许是无颜再见烟台父老，也许是用这种方式来警示后人：大海航行，安全第一！

渤海二号沉没事故

新中国成立以来，我国的石油事业蓬勃发展。在短短的几十年中，我们不但有了陆上油田，而且还在海上发现了油田。渤海油田就是我国海上最大的油田。同时，它也是继大庆油田之后，我国发现的第二大油田。

海上采油和陆上有很大不同，由于海上情况的瞬息万变，海上安全工作显得尤为重要。在这方面，我们既有经验，也有过教训。"渤海二号"的沉没事故，就是一个沉痛的教训。它提醒我们，海上安全工作千万疏忽不得。

事情发生在1979年11月24日。此

前，渤海油田的探测人员历尽千辛万苦，经过无数次的测量和取样，发现了一座新油井。当日上午10时14分，"渤海二号"在282号拖轮的拖动下出发，以每小时2.5海里的速度，缓缓地向新油井的位置驶去。

晚上8时，渤海海面的风力从7级升到了8级，一会儿竟达到了9级，几乎已经成了台风。随着海风越来越猛，海情也更加恶化。茫茫的海面上一片漆黑，只有滚滚的巨浪不时地在空中翻腾。"渤海二号"随着巨浪不停地在海上颠簸，呼呼的风声、哗哗的浪声交织在一起，使人如同置身于噩梦中。深夜将至，海风巨浪更加猛烈地向"渤海二号"袭来。23时20分左右，海浪终于涌上了"渤海二号"的甲板。平台上还未来得及装卸的钻杆、氧气瓶和打桩锤等捆扎成捆的物品被海浪打得七零八落。队员们躲在房间里，眼睁睁地看着这一切，就是无法出去抢救。因为此时如果有人出去，恐怕未等站稳就会被甩到海里。

随着时间的推移，"渤海二号"的处境更加艰难。25日凌晨，"渤海二号"迎来了真正的险情，后甲板左

舷的第三个通风帽被打落，海水顺势涌了进来。紧要关头，全体人员奋不顾身地跑到出事地点，用苫布尽力堵住通风筒。经过长时间的拉锯战，海面风力有所下降；海水涌进的速度逐渐减缓，"渤海二号"暂时脱离了危险。

然而，一个多小时之后，随着风力的加强，海上再次掀起狂风巨浪。在狂风的推动下，海水又一次向通风筒发起了冲击，转眼间已成破竹之势，锐不可当。正当人们对此疲于应付之际，祸不单行，机舱内的泥浆泵配电盘因甲板电缆孔漏水而短路，一场大火随之而起。

就在这时候，只听一声巨响，通风筒终于承受不住海水的巨大压力，被连根打断，海水顺势从直径80厘米的通风筒口一涌而入，向泵舱内部冲去。此时，"渤海二号"的情况已十分危险，但队长刘学仍然指挥自己的队员在没膝深的海水中奋力拼搏。由于泥浆泵已不能使用，队员们只好一面向外淘水，一面去堵筒口。随着海上的风浪越来越猛，灌进的海水也越来越多。队员们用尽一切办法，终究无法阻止海水的进入，"渤海二号"

难逃沉没的厄运。

为了减少伤亡，队长刘学命令全体队员穿上救生衣，按顺序爬上直升机平台，同时，打开救生筏充气，准备撤离"渤海二号"。由于救生筏载不下全体队员，刘学只好命令体力好的队员抱住水中的漂浮物，等待救援。随即，他向不远处的282号拖轮发出紧急呼救讯号。在没有回应的情况下，他又连发了几次，并使用了内部频率。然而，不管他如何呼救，近在咫尺的282号拖轮就是一点反应也没有。最终，"渤海二号"在半小时后沉没，船上的74人全部落入大海，72人丧生，总损失达3700万元。

由于这次事故损失惨重，事后，有关部门成立了调查组，专门就此事展开了调查。首当其冲的就是282号拖轮船长蔺永志。在接到呼救讯号后，蔺永志既没有向外发出求救信号，也没有测定沉船位置，更没有派出救生艇救人。事实上，事发当时，一艘油轮"大庆九号"就在出事地点3海里以外，如果蔺永志及时发出求救信号，"大庆九号"很快就会赶到现场，从而使"渤海二号"的队员脱离险境。

原来，"渤海二号"的队长刘学曾多次就海上安全保障问题向石油部海洋局提出要求，可是每次都被驳回。在这次出海之前，天津、河北和辽宁的三个气象台就已经测出渤海海面将有6至7级的大风，并将这一信息传给了即将出发的"渤海二号"，提请他们注意。为此，刘学从海上向石油部海洋局接连发了三封电报，要求提供保障安全必不可少的设备和措施。但是，石油部海洋局的负责人却认为没有必要，将这一完全合理的要求一一驳回，最后仅仅留下一句话："由'渤海二号'的负责人现场决定吧！"就这样，领导者的麻痹大意和玩忽职守最终葬送了"渤海二号"。

真相大白之后，举国哗然，人们要求对有关责任者进行严惩。为了告慰72位英灵，国务院很快作出了处理"渤海二号"事件的决定：当时的国务院副总理康世恩、石油部部长宋振明被处以行政处分，石油部海洋局局长马骥祥、副局长王兆诸、282号拖轮船长蔺永志等相关责任者被处以刑事处罚并分别被判处有期徒刑。

翡翠海轮南海沉没

1998年2月7日约22时40分，中远集团青岛远洋运输公司"翡翠海轮"在从印度驶往我国过程中，在恶劣天气和海况下前舱进水，沉没于中国南海海域09°30′N，110°30′E处，34名船员中30名失踪，直接经济损失约316万美元，所有船务人员遇难。

"翡翠海轮"，中国籍，1973年英国建造，散货船，总长178.31米，型宽27.09米，总吨18972，载重吨32818。

1998年2月7日黄昏，中国南海域阴风朔朔，雾雨飘飘，一艘中国货船驶进了海面的中央区域。船壁上赫然几个大字"翡翠海"轮仍然清晰可见。他们在印度某港装上了27499吨矿粉，此刻正欲绕南海驶往中国南京港，再有7天，货船就可到达长江口了。晚饭后，老轨、二轨、三轨、机工长、大厨等船员打了会儿扑克，打完后正在看录像时，当班的四轨神情

有些紧张地从机舱上来小声跟二轨说了几句话就离开了，二轨立即下机舱检查，回来后约21时40分，他告诉老轨说：主机机油循环油柜油位下落得较快。老轨与二轨、三轨、机工长一起下机舱检查，确认主机机油油位下降约30厘米，并未发现漏油现象。二轨说：油舱的量油孔也在机舱里，三轨于是拿量油尺去测量，发现油位下降约一英尺，就立即跑到集控室将此情况报告老轨。老轨当即打电话到驾驶台交代了几句话后，又叫三轨再开另一部发电机(平时只开一部)，并嘱咐说"等会儿排水"。此时机舱里的大厨去甲板上倒水，回来说："船头好像有一点往下扎。"

由于出现了异常情况，从22时14分起"翡翠海轮"曾三次申请与青远公司总部通话，一直未通，直到22时20分第四次申请通话成功，船

长郭林向公司调度室值班调度姚立宪报告"气象骤变，狂风大浪，船位09°30 N，110°30'E，发现一舱进水，船艏下沉"刚说到此，电话就中断了，随后改用在甚高频电话16频道上发出求救信号。与此同时，由营口鲅鱼圈驶往雅加达的"青云轮"在08°54′N，110°36′E处从同一频道上收到了遇险呼叫："MAYDAYMAYDAY……I'M SINKING……PLSITION09°30′N，110°30′E……"（我轮正在……09°31YN，110°30'E处……下沉）。由于噪音干扰，"青云轮"没能听到船名。

22时25分，两船终于再次取得联系。由于听不清船名，"青云轮"问"你船呼号是什么"，"翡翠海轮"回答"我船轮呼号B—O—I—C。"根据呼号，"青云轮"查表确认遇险船是中远集团青岛远洋运输公司的"翡翠海轮"。

22时30分，"青云轮"掉头完毕，改驶航向356°。"青云轮"再次了解"翡翠海"轮情况，得知"船正在下沉"，船位为"09°30′N，110°30′E"。随后"青云轮"告诉"翡翠海"轮："我是'青云'，距你船大约30海里，正在驶向你船。"

约22时35分，"翡翠海轮"弃船警报拉响。驾助通知水手长放救生艇。

听到警报，机工长、三轨回房间穿救生衣，大厨从伙房回房间穿救生衣，水手长在一层走廊上告诉水手们"一定穿好救生衣，这一次是真格的"。

随即，水手长与二轨、三轨、大副、两名水手等八九个人到达左舷救生艇边放艇。此时艉楼已在水中，能看到后面几个舱盖。放艇过程中，三轨、机工长、大厨等听到一声巨响；水手长看到一个舱盖鼓起来，未能确定是哪一舱的舱盖。水手长敲开前稳艇索钩，另一头未来得及打开，一个大水柱将船员打入水中，待水手长、三轨、机工长和大厨从水中浮起时，已不见大船。

22时39分06秒，中远集团青岛远洋运输公司与"翡翠海轮"接通电话，船上讲"正准备弃船"，22时39分49秒通话就中断了。

"翡翠海轮"沉没消息震动了整个船运界。

损失是重大的：30人失踪，直接经济损失3163226.99美元。其中：

船舶价值：200万美元；

货物价值：854532美元；

运费：253403.29美元；

油价值：55291.7美元。

事故发生后，交通部及时向国务院作了报告。交通部黄镇东部长和刘松金副部长对这起事故非常重视，亲自组织和指挥海上搜救，部署事故调查处理工作。

调查组得出的结论是这样的："翡翠海轮"在航行期间受到6～7级东北风、3～4米大浪及东北季风长期作用下形成的东北—西南向涌浪的影响，由于船舶老化及可能存在的潜在缺陷，致使船舶部一舱或一二舱结合部船壳破损，船舱大量进水，并向后波及邻舱，船舶迅速失去浮力，船艉向下急剧沉没。这是一起非责任重大事故。